第2版

建筑工程施工现场专业人员

上岗必读丛书

ZHILIANGYUAN BIDU

# 质量员必读

主编　程　芬

参编　袁　磊　李向阳

中国电力出版社

CHINA ELECTRIC POWER PRESS

## 内 容 提 要

本书是根据《建筑与市政工程施工现场专业人员职业标准》（JGJ/T 250—2011）标准中关于质量员岗位技能要求，结合现场施工技术与管理实际工作需要来编写的。它既满足了专业人员上岗培训考核要求，又适用于现场施工工作实际应用，具有很强的针对性、实用性、便携性和可读性。

本书内容主要包括质量员岗位涵盖的质量计划准备、材料质量控制、工序质量控制、质量问题处置、质量资料管理等。本书内容全面，技术先进，易学易懂，是质量员岗位必备的技术手册，也适合作为岗前、岗中培训与学习教材使用。

**图书在版编目（CIP）数据**

质量员必读/程芬主编. —2 版. —北京：中国电力出版社，2017.7

（建筑工程施工现场专业人员上岗必读丛书）

ISBN 978-7-5198-0543-2

Ⅰ.①质… Ⅱ.①程… Ⅲ.①建筑工程－质量管理－基本知识 Ⅳ.①TU712.3

中国版本图书馆 CIP 数据核字（2017）第 061359 号

---

出版发行：中国电力出版社

地　　址：北京市东城区北京站西街 19 号（邮政编码 100005）

网　　址：http://www.cepp.sgcc.com.cn

责任编辑：周娟华　010-63412601

责任校对：朱丽芳

装帧设计：张俊霞

责任印制：单　玲

---

印　　刷：汇鑫印务有限公司

版　　次：2013 年 3 月第一版　2017 年 7 月第二版

印　　次：2017 年 7 月北京第二次印刷

开　　本：710 毫米×1000 毫米　16 开本

印　　张：14.25

字　　数：243 千字

定　　价：45.00 元

---

# 前　言

建筑工程施工现场专业技术管理人员队伍的素质，是影响工程质量和安全的关键因素。《建筑与市政工程施工现场专业人员职业标准》（JGJ/T 250—2011）的颁布实施，对建设行业开展关键岗位培训考核和持证上岗工作，对于提高建筑从业人员的专业技术水平、管理水平和职业素养，促进施工现场规范化管理，保证工程质量和安全，推动行业发展和进步发挥了重要作用。

为了更好地贯彻落实《建筑与市政工程施工现场专业人员职业标准》（JGJ/T 250—2011）和2015年最新颁布的《建筑业企业资质管理规定》（中华人民共和国住房和城乡建设部令第22号）等法规文件要求，不断加强建筑与市政工程施工现场专业人员队伍建设，全面提升专业技术管理人员的专业技能和现场实际工作能力，推动建设科技的工程应用，完善和提高工程建设现代化管理水平，我们组织编写了这套专业技术人员上岗必读丛书，旨在从岗前培训考核到实际工程现场施工应用中，为工程专业技术人员提供全面、系统、最新的专业技术与管理知识、岗位操作技能等，满足现场施工实际工作需要。

本丛书主要依据建筑工程现场施工中各专业技术管理人员的实际工作技能和岗位要求，按照职业标准，针对各岗位工作职责、专业知识、专业技能等相关规定，遵循“易学、易查、易懂、易掌握、能现场应用”的原则，把各专业人员岗位实际工作项目和具体工作要点精心提炼，使岗位工作技能体系更加系统、实用与合理。丛书重点突出、层次清晰，极大地满足了技术管理工作和现场施工应用的需要。

本书主要内容包括质量员岗位涵盖的质量计划准备、材料质量控制、工序质量控制、质量问题处置、质量资料管理等。本书内容丰富、全面、实用，技术先进，适合作为质量员岗前培训教材，也是质量员施工现场工作必备的技术手册，同时还可以作为大中专院校土木工程专业教材以及工人培训教材使用。

由于时间仓促和能力有限，本书难免有谬误之处和不完善的地方，敬请读者批评指正，以期通过不断的修订与完善，使本丛书能真正成为工程技术人员岗位工作的必备助手。

编　者

2017 年 3 月　北京

# 第一版前言

国家最新颁布实施的建设行业标准《建筑与市政工程施工现场专业人员职业标准》（JGJ/T 250—2011），为科学、合理地规范工程建设行业专业技术管理人员的岗位工作标准及要求提供了依据，对全面提高专业技术管理人员的工程管理和技术水平、不断完善建设工程项目管理水平及体系建设，加强科学施工与工程管理，确保工程质量和安全生产将起到很大的促进作用。

随着建设事业的不断发展、建设科技的日新月异，对于建设工程技术管理人员的要求也不断变化和提高，为更好地贯彻和落实国家及行业标准对于工程技术人员岗位工作及素质要求，促进建设科技的工程应用，完善和提高工程建设现代化管理水平，我们组织编写了这套《建筑工程施工现场专业人员上岗必读丛书》，旨在为工程专业技术人员岗位工作提供全面、系统的技术知识与解决现场施工实际工作中的需要。

本丛书主要根据建筑工程施工中，各专业岗位在现场施工的实际工作内容和具体需要，结合岗位职业标准和考核大纲的标准，充分贯彻国家行业标准《建筑与市政工程施工现场专业人员职业标准》（JGJ/T 250—2011）有关工程技术人员岗位“工作职责”“应具备的专业知识”“应具备的专业技能”三个方面的素质要求，以岗位必备的管理知识、专业技术知识为重点，注重理论结合实际；以不断加强和提升工程技术人员职业素养为前提，深入贯彻国家、行业和地方现行工程技术标准、规范、规程及法规文件要求；以突出工程技术人员施工现场岗位管理工作为重点，满足技术管理需要和实际施工应用，力求做到岗位管理知识及专业技术知识的系统性、完整性、先进性和实用性来编写。

本丛书在工程技术人员工程管理和现场施工工作需要的基础上，充分考虑能兼顾不同素质技术人员、各种工程施工现场实际情况不同等多种因素，并结合专业技术人员个人不断成长的知识需要，针对各岗位专业技术人员管理工作的重点不同，分别从岗位管理工作与实务知识要求、工程现场实际技术工作重点、新技术应用等不同角度出发，力求在既不断提高各岗位技术人员工程管理水平的同时，又能不断加强工程现场施工管理，保证工程质量、安全。

本书内容涵盖了质量员岗位管理工作知识，施工过程质量控制方法，地基与基础工程施工过程质量控制，结构工程施工过程质量控制，装饰装修工程施工过程质量控制，屋面工程施工过程质量控制，机电安装工程施工过程质量控制，建筑施工强制性标准条文的保障措施，工程质量验收资料管理等，力求使质量员岗位管理工作更加科学化、系统化、规范化，并确保新技术的先进性和实用性、可操作性。

由于时间仓促和能力有限，本书难免有谬误之处和不完善的地方，敬请读者批评指正，以期通过不断的修订与完善，使本丛书能真正成为工程技术人员岗位工作的必备助手。

编　者

# 目　　录

第一章

# 质量员岗位技能及施工质量控制

## 一、工程质量影响因素及控制方法、程序

1. 建筑工程质量的影响因素

从质量形成的不同阶段我们可以看出，各个阶段既是质量形成的阶段，又是影响工程质量的主要环节。但是，不论在任何阶段，都存在着人、设备、工艺、材料和环境等诸因素对工程质量的影响，并且还存在着异常性和偶然性。

（1）人员因素。这里所说的“人”是一个总的概括，它包括了三个层次的内容：第一是直接参与建筑工程项目的决策者、指挥者、组织者、领导者等。这些基本上均是领导级别的人员。但是每一位领导人的领导能力、决策能力、调配能力及指挥能力等水平的发挥的程度都存在着很大差异；第二是直接参与建筑工程施工的操作者，如工程设计人员、施工操作人员、材料采购人员、社会监理、工程技术人员等，这些人员的思想品德、技术素质、体力状况、业务知识、熟练程度，以及受手工操作过程中偶然失误等，均会在各个工种以及操作的各个阶段中不可避免地产生技术失误和操作失误，影响建筑工程质量；第三就是建筑工程中的各类检验、检测人员。这些人员由于对质量标准的理解和掌握程度、检验方法、技术运用、抽检数量等方面存在差异，也会造成把关不严、错检、漏检的质量问题。

（2）材料因素。在建筑工程中，所用材料品种繁多，常用的主要有钢材、粘结材料、焊接材料、砌体材料、装饰装修材料等，还有许多成品、半成品或大量的建筑构配件。这些材料大多是从外厂购进或在销售单位处购进，其质量性能和质量指标一旦达不到产品标准或设计要求，就会影响建筑工程的结构质量。例如，在轻钢结构构件制作的过程中，特别讲究材料的匹配，如焊接材料与钢材级别的匹配、连接螺栓与连接件的匹配等。因此，对建筑结构中的见证检测是保证建筑工程质量的科学手段。

（3）施工工艺。施工工艺和施工方案是进行科学施工的措施和方法，它对建筑工程质量的影响较大。这里所说的施工工艺，不是单纯指施工阶段中的施工工艺，而包括了决策艺术、设计程序、施工技术、验评程序、检测方法等。先进科学的施工工艺对建筑结构工程质量的提高会有很大的作用。衡量工艺是否先进的条件就是看其能否提高工作效率，能否提高和改善结构质量，能否降低生产成本，能否缩短工作过程，是否有机动的应变能力。

（4）机械设备。机械设备是保证建筑工程质量的基础和必要的物质条件，是现代企业的象征。这里包括设计常用的计算机和设计软件；施工机械、办公器具等；以及计算机自动化在质量检测中的应用和超声波的探伤检测等。这些设备和设施不只是现代化建设和质量管理中不可缺少的装置，而且还能有效地降低劳动强度和提高工作效率，提高建筑工程的产品质量。

但是，设备不是万能的，由于设备性能的误差以及工艺参数的设置误差，也照样会影响建筑工程质量。所以，不断地更新设备、检修设备，定期地校核计量器具，保证设备的完好率及准确性，才能使这些设备和设施更好地为建筑工程质量服务。

（5）环境因素。由于建筑工程施工工期长，加之露天施工环境的影响，所以它就不可避免地要经历一年四季气候条件的变化，并且大风、暴雨、寒流、冰冻对工程质量都会带来较大影响，材料质量也会随之波动，施工设备不能正常发挥，这种因素会给施工带来一系列的连锁反应，对工程质量的影响尤为突出。

（6）其他因素。国家政策、各地社会经济发展环境、社会的安定等因素均对建筑工程质量也有较大影响。

2. 建筑工程质量的“三阶段”控制

“三阶段”控制就是通常所说的“事前控制”“事中控制”和“事后控制”。这三阶段控制构成了质量的系统过程。

（1）事前控制。要求预先进行周密的质量计划。尤其是工程项目施工阶段，制订质量计划、编制施工组织设计和施工项目管理实施规划都必须建立在切实可行、有效实现预期质量目标的基础上，作为一种行动方案进行施工部署。目前有些施工企业，尤其一些资质较低的企业，在承建中小型的一般工程项目时，往往把施工项目经理责任制曲解成“以包代管”的模式，忽略了技术质量管理的系统控制，失去企业整体技术和管理经验对项目施工计划的指导和支撑作用，这将造成质量预控的先天性缺陷。

事前控制，其内涵包括两层意思：一是强调质量目标的计划预控；二是按质量计划进行质量活动前的准备工作状态的控制。

（2）事中控制。

1）首先，是对质量活动的行为约束，即对质量产生过程各项技术作业活动操作者在相关制度的管理下的自我行为约束的同时，充分发挥其技术能力，以完成预定质量目标的作业任务。

2）其次，是对质量活动过程和结果中来自他人的监督控制，这里包括来自企业内部管理者的检查检验和来自企业外部的工程监理和政府质量监督部门等的监控。

事中控制虽然包含自控和监控两大环节，但关键还是增强质量意识，发挥操作者自我约束、自我控制能力，即坚持质量标准是根本，监控或他人控制是必要的补充。没有前者或后者取代前者都是不正确的。因此，在企业组织的质量活动中，通过监督机制和激励机制相组合的管理方法，来发挥操作者更好的自我控制能力，以达到质量控制的效果是非常必要的。这也只是通过建立和实施质量体系来达到。

（3）事后控制。事后控制包括对质量活动结果的评价认定和对质量偏差的纠正。从理论上分析，如果计划预控过程所制订的行动方案考虑得越周密，事中约束监控的能力越强、越严格，实现质量预期目标的可能性就越大，理想的状况就是希望做到各项作业活动“一次成功、一次交验合格率100%”。但客观上相当部分的工程不可能达到，因为在过程中不可避免地存在一些计划时难以预料的影响因素，包括系统因素和偶然因素。因此，当出现质量实际值与目标之间超出允许偏差时，必须分析原因，采取措施纠正偏差，保护质量受控状态。

事前控制、事中控制、事后控制这三大环节，不是孤立和截然分开的，它们之间构成有机的系统过程，实质上也就是 PDCA 循环的具体化，并在每一次滚动循环中不断提高，达到质量管理或质量控制的持续改进。

3. 建筑工程施工质量的控制方法

（1）施工组织设计控制。施工组织设计是以施工项目为对象编制的，用以指导施工技术、经济和管理的综合性文件。

1）施工组织设计是以一个建设项目或建筑群体为编制对象。

2）是从施工全局出发，根据施工过程中可能出现的具体条件，拟定建筑施工的具体方案，确定施工程序、施工流向、施工顺序、施工方法、劳动组织、技术组织措施。

3）安排施工进度和劳动力、机具、材料、构配件与各种半成品的供应，对场地的利用、水电能源保证等现场设施布置做出预先规划，以保障施工中的各种需要及变化，起到忙而不乱的效果。

因此，可以说，一个施工组织设计，就是一部建筑施工的设计宏图，是质量控制的一个主要手段。

（2）设置质量控制点。对建筑工程施工质量进行控制，就要做到有的放矢和有条不紊。要想达到这一要求，就要在制订质量控制计划时，根据该工程的结构特点、工艺要求、材料材质、关键部位，预先设置出应该检查和验收的具体项目，这个预先设置的检查验收项目就称为“质量控制点”，有的也称为“停检点”。

质量控制点的设置，是对建筑工程质量进行预控的有效管理方法，是质量体系构成的一个组成部分，它充分体现了质量控制工作“整体推进、重点突破”的管理策略。

（3）图纸会审与变更。图纸会审是在工程开工前的一次技术性活动，是质量控制的一个必需过程。在这个过程中，参建者必须要懂得设计的基本原理，才能掌握建筑结构的关键性部位和要害所在，并突出重点，弥补缺陷，为建筑施工创造有利条件，以确保建筑工程的施工质量。

（4）技术交底控制。建筑工程从定位放线开始，经过地基处理、砌筑、混凝土浇筑、结构吊装等一系列的工序过程，最后才能成为合格的产品。在这一复杂而综合性的施工过程中，要确保建筑工程的产品质量，就必须使每一名施工操作人员掌握施工诸环节中的技术要求。技术交底，可使每位操作者明确所承担施工任务的特点、技术要求、施工工艺、技术参数、质量标准等，做到心中有数，保证建筑工程施工的顺利进行。所以说，技术交底是向施工操作人员灌输技术要求的有效途径。

（5）施工质量控制记录。质量员对建筑施工质量进行控制，不是纸上谈兵，而是要通过一定的技术手段和技术措施才能达到控制的目的。而施工质量控制记录，就是对这些技术手段和技术措施在质量控制活动中的真实记载，是评价施工质量和对施工质量进行验收的主要依据，也是进行质量追溯的有力凭证。质量控制记录的内容有好多种，如检验批质量验收记录，分项工程质量验收记录就是其中的表现形式，但它属于验收类的记录。

（6）成品保护。成品保护一般是指在施工过程中，某些分项工程已经完成，而其他一些分项工程尚在施工；或者是在其分项工程施工过程中，某些部位已完成，而其他部位正在施工。在这种情况下，施工单位必须负责对已完成部分采取妥善措施予以保护，以免因成品缺乏保护或保护不善而造成损伤或污染，影响工程整体质量。

根据建筑产品的特点的不同，可以分别对成品采取防护、包裹、覆盖、封闭等保护措施，以及合理安排施工顺序等来达到保护成品的目的。具体如下所述。

1）防护。就是针对被保护对象的特点采取各种防护的措施。例如，对清水楼梯踏步，可以采取护棱角铁上下连接固定；对于进出口台阶可采取垫砖或方木搭脚手板供人通过的方法来保护台阶；对于门口易碰部位，可以钉上防护条或槽形盖铁保护；门扇安装后可加楔固定等。

2）包裹。就是将被保护物包裹起来，以防损伤或污染。例如，对镶面大理石柱可用立板包裹捆扎保护；铝合金门窗可用塑料布包扎保护等。

3）覆盖。就是用表面覆盖的办法防止堵塞或损伤。例如，对地漏、落水口排水管等安装后可加以覆盖，以防止异物落入而被堵塞；预制水磨石或大理石楼梯可用木板覆盖加以保护；地面可用锯末、苫布等覆盖以防止喷浆等污染；其他需要防晒、防冻、保温养护等项目也应采取适当的防护措施。

4）封闭。就是采取局部封闭的办法进行保护。例如，垃圾道完成后，可将其进口封闭起来，以防止建筑垃圾堵塞通道；房间水泥地面或地面砖完成后，可将该房间局部封闭，防止人们随意进入而损害地面；房内装修完成后，应加锁封闭，防止人们随意进入而受到损伤等。

5）合理安排施工顺序。主要是通过合理安排不同工作间的施工顺序先后，以防止后道工序损坏或污染前道工序。例如，采取房间内先喷浆或喷涂而后安装灯具的施工顺序可防止喷浆污染、损害灯具；先做顶棚、装修后做地坪，以避免顶棚及装修施工污染、损害地坪。

4. 施工项目质量控制的基本程序

任何工程都是由分项工程、分部工程和单位工程所组成，施工项目是通过一道道工序来完成的。所以，施工项目的质量控制是从工序质量到分项工程质量、分部工程质量、单位工程质量的系统控制过程（图 1-1）；也是一个由对投入原材料的质量控制开始，直到完成工程质量检验为止的全过程的系统过程（图 1-2）。

施工项目质量控制的基本程序划分为四个阶段：

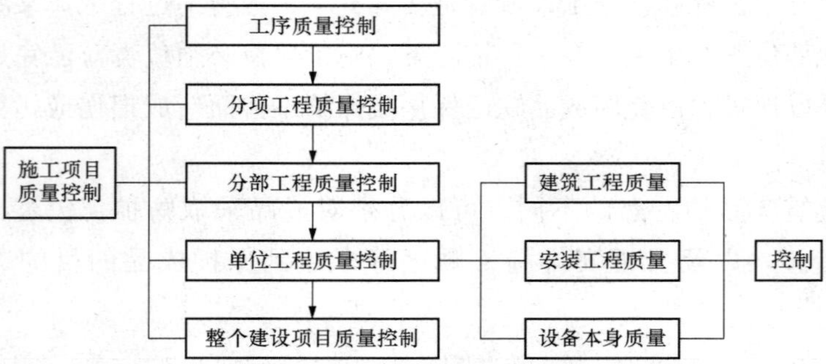


图1-1　施工项目质量控制过程

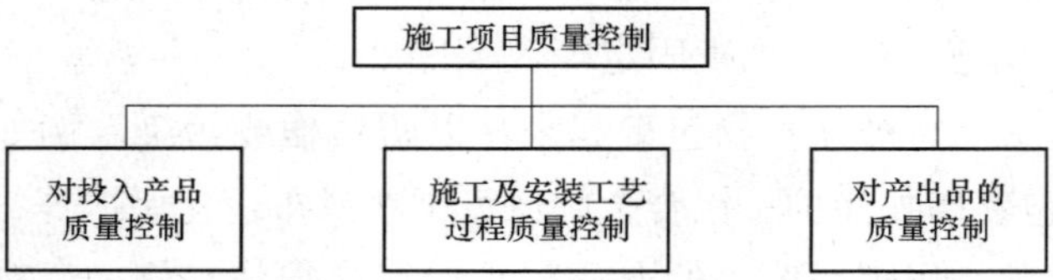


图1-2　施工项目投入与产出质量控制过程

（1）第一阶段为计划控制。在这一阶段主要是制订质量目标，实施方案和计划。

（2）第二阶段为监督检查阶段。在按计划实施的过程中进行监督检查。

（3）第三阶段为报告偏差阶段。根据监督检查的结果，发出偏差信息。

（4）第四阶段为采取纠正行动阶段。监理单位检查纠正措施的落实情况及其效果，并进行信息的反馈。

施工单位在质量控制中，应按照这个循环程序制订质量控制的措施，按合同和有关法规的要求和标准进行质量的控制。

## 二、建筑工程质量管理计划编制

1. 工程质量计划依据与主要内容

施工项目质量计划是指确定施工项目的质量目标和达到这些质量目标所要求的作业过程、专门的质量措施和资源等工作。

（1）施工项目质量计划的依据。

1）施工合同中有关项目（或过程）的质量要求。

2）施工企业的质量管理体系、《质量手册》及相应的程序文件。

3）《建筑工程施工质量验收统一标准》（GB 50300—2013）、施工操作规程及作业指导书。

4）《建设工程质量管理条例》《中华人民共和国建筑法》《建设项目环境保护管理条例》及相关法规。

5）《建设工程安全生产管理条例》等。

（2）施工项目质量计划的主要内容。

1）施工项目应达到的质量目标。

2）施工项目经理部的职责、权限和资源的具体分配。

3）施工项目经理部实际运作的各过程步骤。

4）实施中应采用的程序、方法和指导书。

5）有关施工阶段相适用的试验、检查、检验、验证和评审的要求和标准。

6）达到质量目标的测量方法。

7）随施工项目的进展而更改和完善质量计划程序。

8）为达到质量目标应采用的其他措施。

2. 工程质量计划的编制要求

施工项目的质量计划应由项目经理主持编制。质量计划作为对外质量保证和对内质量控制的依据文件，应体现施工项目从分项工程、分部工程到单位工程的系统控制过程，同时也要体现从资源投入到完成工程质量最终检验和试验的全过程控制。施工项目的质量计划编制要求见表1-1。

**表1-1　　施工项目的质量计划编制要求**

| 序号 | 项目 | 编制要求 |
|---|---|---|
| 1 | 质量目标 | 质量目标一般由企业技术负责人、项目经理部管理层经认真分析施工项目特点、项目经理部情况及企业生产经营总目标后决定。其基本要求是施工项目竣工交付业主（用户）使用时，质量要达到合同范围内的全部工程的所有使用功能符合设计（或更改）图纸要求；检验批、分部、分项、单位工程质量达到施工质量验收统一标准，合格率100% |

续表

| 序号 | 项目 | 编制要求 |
| --- | --- | --- |
| 2 | 管理职责 | 施工项目质量计划应规定项目经理部管理人员及操作人员的岗位职责。<br>项目经理是施工项目实施的最高负责人，确保工程符合设计（或更改）、质量验收标准，各阶段按期交工负责，以保证整个工程项目质量符合合同要求。项目经理可委托项目质量副经理（或技术负责人）负责施工项目质量计划和质量文件的实施及日常质量管理工作。<br>项目生产副经理要对施工项目的施工进度负责，调配人力、物力，保证按图纸和规范施工，协调同业主（用户）、分包商的关系，负责审核结果、整改措施和质量纠正措施的实施。<br>施工队长、工长、测量员、试验员、计量员在项目质量副经理的直接指导下，负责所管部位和分项施工全过程的质量，使其符合图纸和规范要求，有更改的要符合更改要求，有特殊规定的要符合特殊要求。<br>材料员、机械员对进场的材料、构件、机械设备进行质量验收和退货、索赔，对业主或分包商提供的物资和机械设备要按合同规定进行验收 |
| 3 | 资源提供 | 施工项目质量计划要规定项目经理部管理人员及操作人员的岗位任职标准及考核认定方法；规定施工项目人员流动的管理程序；规定施工项目人员进场培训的内容、考核和记录；规定新技术、新结构、新材料、新设备的操作方法和操作人员的培训内容；规定施工项目所需的临时设施、支持性服务手段、施工设备及通信设施；规定为保证施工环境所需要的其他资源等 |
| 4 | 施工项目实现过程的策划 | 施工项目质量计划中要规定施工组织设计或专项项目质量计划的编制要点及接口关系；规定重要施工过程技术交底的质量策划要求；规定新技术、新材料、新结构、新设备的策划要求；规定重要过程验收的准则或技艺评定方法 |
| 5 | 业主提供的材料、机械设备等产品的过程控制 | 施工项目上需用的材料、机械设备在许多情况下是由业主提供的。对这种情况要作出如下规定：①业主如何标识、控制其提供产品的质量；②检查、检验、验证业主提供产品满足规定要求的方法；③对不合格产品的处理办法 |
| 6 | 材料、机械设备等采购过程的控制 | 施工项目质量计划对施工项目所需的材料、设备等要规定供方产品标准、质量管理体系的要求及采购的法规要求，有可追溯性要求时，要明确其记录、标志的主要方法等 |

续表

| 序号 | 项目 | 编制要求 |
| --- | --- | --- |
| 7 | 产品标识和可追溯性控制 | 隐蔽工程、分部分项工程，特殊要求的工程的验收等必须做可追溯性记录，施工项目的质量计划要对其可追溯性的范围、程序、标识、所需记录及如何控制和分发等内容作出规定。<br>坐标控制点、标高控制点、编号、沉降观察点、安全标志、标牌等是施工项目的重要标识记录，质量计划要对这些标识的准确性控制措施、记录等内容作出详细规定。<br>重要材料（如钢材、构件等）及重要施工设备的运作必须具有可追溯性 |
| 8 | 施工工艺过程控制 | 施工项目的质量计划要对工程从合同签订到交付全过程的控制方法作出相应的规定。具体包括：施工项目的各种进度计划的过程识别和管理规定；施工项目实施全过程各阶段的控制方案、措施及特殊要求；施工项目实施过程需用的程序文件、作业指导书；隐蔽工程、特殊工程进行控制、检查、鉴定验收、中间交付的方法及人员上岗条件和要求等；施工项目实施过程需使用的主要施工机械设备、工具的技术工作条件、运行方案等 |
| 9 | 搬运、存储、包装、成品保护和交付过程的控制 | 施工项目的质量计划要对搬运、存储、包装、成品保护和交付过程的控制方法作出相应的规定。具体包括：施工项目实施过程所形成的分部、分项、单位工程的半成品、成品保护方案、措施、交接方式等内容的规定；工程中间交付、竣工交付工程的收尾、维护、验收、后续工作处理的方案、措施、方法的规定；材料、构件、机械设备的运输、装卸、存收的控制方案、措施的规定等 |
| 10 | 安装和调试的过程控制 | 对于工程水、电、暖、电信、通风、机械设备等的安装、检测、调试、验评、交付、不合格的处置等内容规定方案、措施、方式。由于这些工作同土建施工交叉配合较多，因此对于交叉接口程序、特性验证、交接验收、检测、试验设备的要求、特殊要求等内容要作出明确规定，以便各方面实施时遵循 |
| 11 | 检验、试验和测量过程及设备的控制 | 施工项目的质量计划要对施工项目所进行和使用的所有检验、试验、测量和计量过程及设备的控制、管理制度等作出相应的规定 |
| 12 | 不合格品的控制 | 施工项目的质量计划要编制作业、分项、分部工程不合格品出现的补救方案和预防措施，规定合格品与不合格品之间的标识，并制定隔离措施 |

3. 建筑工程质量管理策划

（1）工程质量管理组织。建筑工程项目施工，首先应有一个强有力的项目班子，项目经理的选择是实现工程质量目标的关键，所以，首先是选出一个称职的、优秀的项目经理作为工程项目带头人。项目经理应具备质量意识和严格要求的工作作风，使工程质量始终处于受控状态。

其次，项目部其他成员也是项目管理的关键因素。尤其是一个好的项目总工和项目质检员，在工程施工过程中有着举足轻重的作用。这三个关键人物的责任心、事业心、创优的决心缺一不可。在创优的过程中，他们的意识、思想、行动在左右着项目部有关人员的行为。项目质量管理组织如图1-3所示。

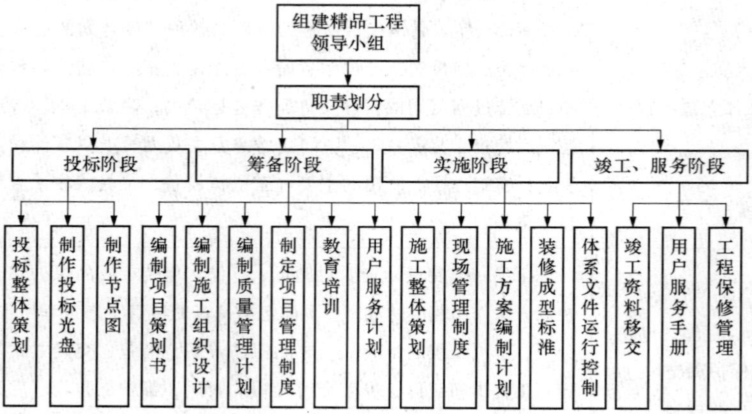


图1-3　项目质量管理组织图

（2）工程质量目标分解。

1）工程质量目标分解程序，如图1-4所示。

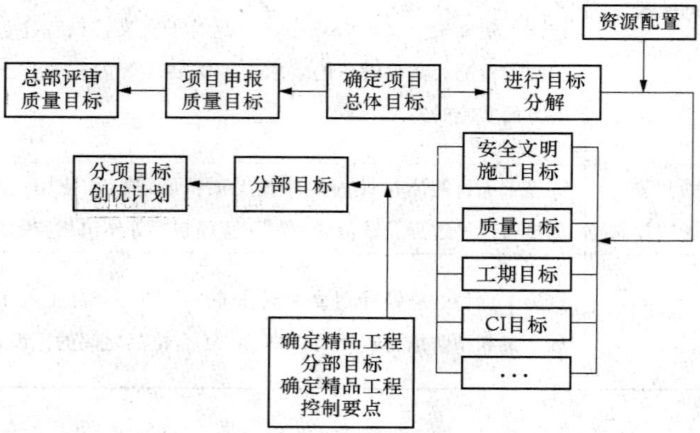


图1-4　项目质量目标分解图

2）分部、主要分项工程质量目标分解，见表1-2。

**表1-2　　分部、主要分项工程质量目标分解**

| 序号 | 分部工程 | 目标 | 主要分项优良率（%） | | | | | | | |
|---|---|---|---|---|---|---|---|---|---|---|
| 1 | 地基与基础工程 | 优良 | 钢筋 | ≥93 | 混凝土 | ≥94 | 防水 | ≥98 | | |
| 2 | 主体结构工程 | 优良 | 钢筋 | ≥93 | 混凝土 | ≥94 | | | | |
| 3 | 建筑装饰装修工程 | 优良 | 内装饰各分项工程 | ≥95 | 外墙装饰各工程 | ≥95 | 幕墙工程 | ≥94 | | |
| 4 | 建筑屋面工程 | 优良 | 防水工程 | ≥98 | 屋面基层 | ≥92 | | | | |
| 5 | 建筑电气工程 | 优良 | 线路敷设工程 | ≥96 | 电缆敷设 | ≥95 | 电气器具设备工程 | ≥95 | 防雷接地装置 | ≥92 |
| 6 | 建筑给水、排水及采暖工程 | 优良 | 室内给水工程 | ≥92 | 室内排水工程 | ≥92 | 室内采暖工程 | ≥92 | 室外排水工程 | ≥92 |
| 7 | 通风与空调工程 | 优良 | 防腐与保温 | ≥92 | 送排风系统 | ≥92 | 防排烟系统 | ≥95 | 管道制作安装 | ≥92 |
| 8 | 智能建筑工程 | 优良 | 通信网络系统 | ≥95 | 安全防范系统 | ≥95 | 综合布线系统 | ≥95 | 火灾报警消防系统 | ≥92 |
| 9 | 电梯工程 | 优良 | 拽引装置组装 | ≥92 | 导轨组装 | ≥92 | 电器装置组装 | ≥92 | 安全防护装置 | ≥92 |

3）过程质量目标分解，见表1-3。

**表1-3　　过程质量目标分解**

| 序号 | 目标名称 | 参考控制标准 |
|---|---|---|
| 1 | 不合格点率 | ≤8% |
| 2 | 一次验收合格率 | 100% |

（3）工程质量管理、考核及改进流程。

1）项目质量管理流程，如图1-5所示。

2）工程质量考核流程，如图1-6所示。

3）项目质量改进流程，如图1-7所示。

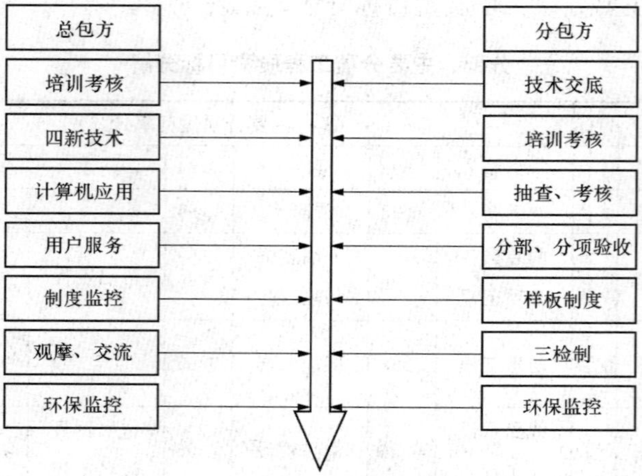


图1-5　项目质量管理流程图

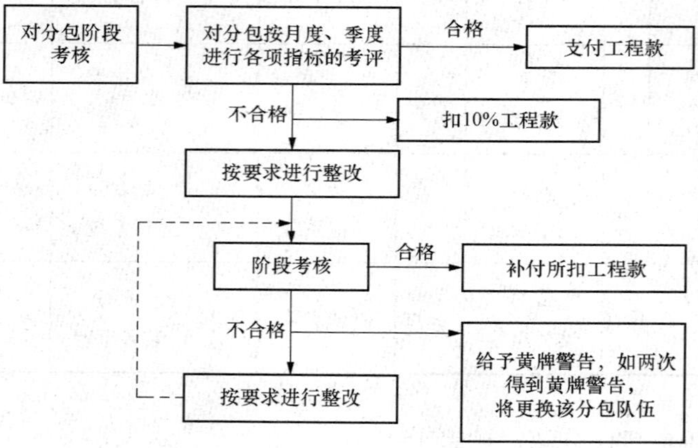


图1-6　项目质量考核流程图

4. 精品工程质量策划

（1）项目创优策划。

1）创优目标策划。目标管理是整个创优活动的开始，应分层次进行。

第一层次：明确项目总体目标，包括质量目标、工期目标、文明安全目标、成本目标等。

第二层次：将第一层次目标进行细化分解，结合工程的具体情况和特点，确定工程的各阶段目标，落实到各分部、分项工程，并落实责任人。

2）管理体系和制度策划。根据工程创优目标，项目在开工初期应建立健全

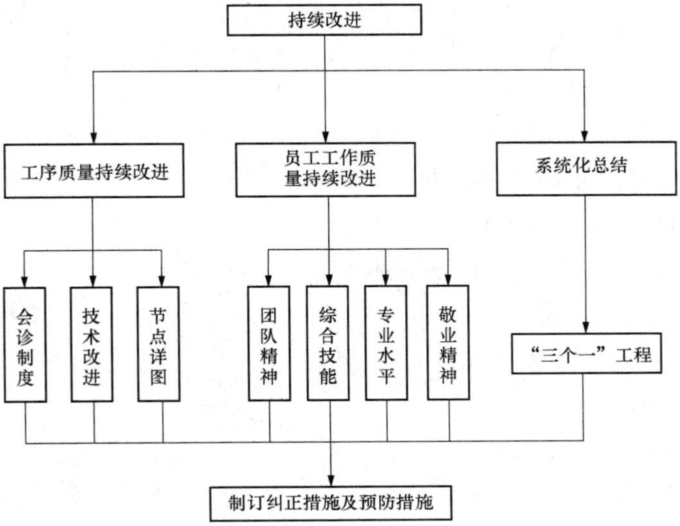


图 1-7　项目质量改进流程图

管理制度，落实各相应岗位管理人员的职责，并编制施工组织设计、创优计划、精品工程策划书、质量检验计划等质量管理手册，确保在整个工程施工中，质量管理处于受控状态。

（2）精品工程策划书的编制。编制提纲内容如下：

1）工程概况、工程特点与难点。

2）精品工程策划书的管理。

3）适用范围和编制依据。

4）管理办法。

①目标管理。

a. 经营理念与质量、环境与职业健康安全卫生体系方针。

b. 项目的整体目标及目标分解。

c. 产品与过程识别。

d. 环境因素识别与评价、重大环境因素。

e. 危险因素识别与评价、重大危险因素。

f. 法律法规的识别。

②精品策划。

a. 项目组织机构与职责。

b. 资源配备与管理。

(a) 项目人力资源配备与管理。

(b) 基础设施、施工条件的配备。

(c) 安全生产与员工劳动保护。

c. 技术方案与过程控制。

d. 重大环境因素的控制方法。

e. 重大危险因素的控制方法。

f. 法律法规的识别、更新与控制。

g. 项目文化的创建。

③过程监控。

a. 合同评审。

b. 设计和开发。

c. 产品实现。

d. 成品保护。

e. 分承包方的管理。

f. 物资采购与管理。

g. 现场安全防护、临时用电、特殊脚手架、机械设备安全管理。

h. 文明安全施工、现场管理。

i. 职业病防治与卫生防疫管理。

j. 设备的维护管理。

k. 污染物（扬尘、噪声、废水、废弃物）管理。

l. 能源、资源管理（如水、电成本控制）。

m. 化学危险品管理。

n. 监视和测量装置管理。

o. 应急准备与响应。

p. 文件记录管理。

q. 体系月度检查。

④阶段考核。

a. 绩效考核与测量。

b. 用户满意评价。

c. 分承包方的动态考核。

d. 自我评价。

⑤持续改进。

a. 持续改进的基础信息。

b. 持续改进。

## 三、建筑工程施工质量验收程序及要求

1. 施工质量验收基本要求

（1）工程质量验收的依据。

1）应符合国家标准《建筑工程施工质量验收统一标准》（GB 50300—2013）和相关专业“质量验收规范”的规定。

2）应符合工程项目勘察、设计文件（含设计图纸、图集和设计变更单等）的要求。

3）应符合地方政府和建设行政主管部门有关质量的规定。如上海市建委对特细砂、海砂、立窑水泥等制定了禁止、限制使用的规定等。

4）应满足施工承包合同中有关质量的规定。如提高某些质量验收指标；对混凝土结构实体采用钻芯取样检测混凝土强度等。

（2）工程质量验收涉及的资格与资质要求。

1）参加质量验收的各方人员应具备规定的资格。资格既是对验收人员的知识和实际经验上的要求，同时也是对其技术职务、执业资格的要求，如单位工程观感检查人员，应具有丰富的经验；分部工程应由总监理工程师组织验收，不能由专业监理工程师替代等。

2）承担见证取样检测及有关结构安全检测的单位，应为经过省级以上建设行政主管部门对其资质认可和质量技术监督部门已通过对其计量认证的质量检测单位。

（3）验收单位。建筑工程质量在施工单位自行检查合格的基础上，由工程质量验收责任方组织，工程建设相关单位参加，对检验批、分项、分部、单位工程及其隐蔽工程的质量进行抽样检验，对技术文件进行审核，并根据设计文件和相关标准以书面形式对工程质量是否达到合格作出确认。

质量验收工作既分清了各单位的不同的质量责任，又明确了生产方处于主导地位应承担的首要质量责任。

（4）工程质量验收。

1）隐蔽工程竣工前应由施工单位通知有关单位进行验收，并填写隐蔽工程验收记录。这是对难以再现部位和节点质量所设的一个停止点，应重点检查，共

同确认，并宜留下影像资料佐证。

2）涉及结构安全的试块、试件及有关材料，应在监理单位或建设单位人员的见证下，由施工单位试验人员在现场取样，送至有相应资质的检测单位进行测试。进行见证取样送检的比例不得低于检测数量的 30%，交通便捷地区比例可高些，如上海地区规定为 100%。

对涉及结构安全和使用功能的重要分部工程，应按专业规范的规定进行抽样检测。以此来验证和保证房屋建筑工程的安全性和功能性，完善了质量验收的手段，提高了验收工作准确性。

3）检验批的质量应按主控项目和一般项目进行验收，进一步明确检验批验收的基本范围和要求。

4）工程的观感质量应由验收人员通过现场检查，并应共同确认。观感质量检查应在施工现场进行，并且不能由一个人说了算，而应共同确认。

2. 制订抽样检验方案

抽样检验是利用批或过程中随机抽取的样本，对批或过程的质量进行检验，作出是否接收的判决，是介于不检验和百分之百检验之间的一种检验方法。百分之百检验需要花费大量的人力、物力和时间，而且有的检验项目带有破坏性，不允许百分之百检验，因此，应采用抽样检验的办法。

对检验批的抽样方案可根据检验项目的特点进行选择。计量、计数检验可分为全数检验和抽样检验两类。对于重要且易于检查的项目，可采用简易快速的非破损检验方法，宜选用全数检验。

（1）抽样方案。检验批的质量检验，可根据检验项目的特点在下列抽样方案中选取：

1）计量、计数或计量一计数的抽样方案。

2）一次、二次或多次抽样方案。

3）对重要的检验项目，当有简易快速的检验方法时，选用全数检验方案。

4）根据生产连续性和生产控制稳定性情况，采用调整型抽样方案。

5）经实践证明有效的抽样方案。

（2）抽样数量。检验批抽样样本应随机抽取，满足分布均匀、具有代表性的要求，抽样数量应符合有关专业验收规范的规定。当采用计数抽样时，最小抽样数量应符合的要求见表 1-4。

表 1-4　　检验批最小抽样数量

| 检验批的容量 | 最小抽样数量 | 检验批的容量 | 最小抽样数量 |
|---|---|---|---|
| 2～15 | 2 | 151～280 | 13 |
| 16～25 | 3 | 281～500 | 20 |
| 26～90 | 5 | 501～1200 | 32 |
| 91～150 | 8 | 1201～3200 | 50 |

3. 建筑工程质量验收的划分

为了使建筑施工过程质量得到及时和有效控制，以及全面、全过程实施对建筑工程施工质量的验收，建筑工程质量验收应划分为单位（子单位）工程、分部（子分部）工程、分项工程和检验批，并按相应规定的程序组织验收。

（1）单位（子单位）工程划分的原则。

1）具备独立施工条件并能形成独立使用功能的建筑物及构筑物为一个单位工程，通常由结构、建筑与建筑设备安装工程共同组成。如一幢公寓楼、一栋厂房、一座泵房等，均应单独为一个单位工程。

2）建筑规模较大的单位工程，可将其能形成独立使用功能的部分划为两个或两个以上的子单位工程。

这对于满足建设单位早日投入使用，提早发挥投资效益，适应市场需求是十分有益的。如一个单位工程由塔楼与裙房组成，可根据建设方的需要，将塔楼与裙房划分为两个单位工程，分别进行质量验收，按序办理竣工备案手续。子单位工程的划分应在开工前预先确定，并在施工组织设计中具体划定，并应采取技术措施，既要确保后验收的子单位工程顺利进行施工，又能保证先验收的子单位工程的使用功能达到设计的要求，并满足使用的安全规定。

一个单位工程中，子单位工程不宜划分得过多，对于建设方没有分期投入使用要求的较大规模工程，不应划分子单位工程。

3）室外工程划分，可根据专业类别和工程规模，划分子单位工程、分部工程和分项工程，见表 1-5。

表 1-5　　室外工程划分

| 单位工程 | 子单位工程 | 分部工程 |
|---|---|---|
| 室外设施 | 道路 | 路基、基层、面层、广场与停车场、人行道、人行地道、挡土墙、附属构筑物 |
| | 边坡 | 土石方、挡土墙、支护 |

续表

| 单位工程 | 子单位工程 | 分部工程 |
|---|---|---|
| 附属建筑及室外环境 | 附属建筑 | 车棚，围墙，大门，挡土墙 |
| | 室外环境 | 建筑小品，亭台，水景，连廊，花坛，场坪绿化，景观桥 |

（2）分部（子分部）工程划分的原则。

1）分部工程的划分可按专业性质、建筑部位确定。建筑与结构工程划分为地基与基础、主体结构、建筑装饰装修（含门窗、地面工程）和建筑屋面4个分部工程。地基与基础分部工程包括房屋相对标高±0.000以下的地基、基础、地下防水及基坑支护工程，其中有地下室的工程，其首层地面以下的结构工程也属于地基与基础分部工程；地下室内的砌体工程等可纳入主体结构分部工程，地面、门窗、轻质隔墙、吊顶、抹灰工程等应纳入建筑装饰装修工程。

建筑设备安装工程划分为建筑给排水及采暖、建筑电气、智能建筑、通风与空调及电梯等5个分部工程。

2）当分部工程较大或较复杂时，可按材料种类、施工特点、施工程序、专业系统及类别等，将分部工程划分为若干个子分部工程。

如建筑屋面分部可划分为卷材防水、涂膜防水、刚性防水、瓦、隔热屋面等5个子分部。当分部工程中仅采用一种防水屋面形式时，可不再划分子分部工程。建筑工程分部（子分部）、分项工程划分应符合《建筑工程施工质量验收统一标准》（GB 50300—2013）的规定。

（3）分项工程、检验批的划分原则。

1）分项工程应按主要工种、材料、施工工艺、设备类别等进行划分。如模板、钢筋、混凝土分项工程是按工种进行划分的。

2）分项工程划分成检验批进行验收。检验批可根据施工、质量控制和专业验收的需要，按工程量、楼层、施工段、变形缝进行划分。

施工前，应由施工单位制定分项工程和检验批的划分方案，并由监理单位审核。对于《建筑工程施工质量验收统一标准》（GB 50300—2013）及相关专业验收规范未涵盖的分项工程和检验批，可由建设单位组织监理、施工等单位协商确定。

检验批的划分有助于及时纠正施工中出现的质量问题，确保工程质量，也符合施工实际需要。多层及高层建筑工程中主体结构分部的分项工程可按楼层或施工段来划分检验批，单层建筑工程中的分项工程可按变形缝等划分检验批；地基与基础分部工程中的分项工程一般划分为一个检验批，有地下层的基础工程可按不同地下层划分检验批；屋面分部工程中的分项工程，不同楼层屋面可划分为不同的检验批；其他分部工程的分项工程，可按楼层或一定数量划分检验批；对于工程量较少的分项工程可统一划分为一个检验批。安装工程一般按一个设计系统或设备组别划分为一个检验批。室外工程统一划分为一个检验批。散水、台阶、明沟等含在地面检验批中。

地基基础中的土石方，基坑支护子分部工程及混凝土工程中的模板工程，虽不构成建筑工程实体，但它是建筑工程施工不可缺少的重要环节和必要条件，其施工质量如何，不仅关系到能否施工和施工安全，也关系到建筑工程质量，因此将其列入施工验收内容。

（4）建筑工程分部工程、分项工程的划分见表 1-6。

**表 1-6　　　　建筑工程分部工程、分项工程划分**

| 序号 | 分部工程 | 子分部工程 | 分项工程 |
|---|---|---|---|
| 1 | 地基与基础 | 地基 | 素土、灰土地基，砂和砂石地基，土工合成材料地基，粉煤灰地基，强夯地基，注浆地基，预压地基，砂石复合桩地基，高压喷射注浆地基，水泥土搅拌桩地基，土和灰土挤密桩地基，水泥粉煤灰碎石桩地基，夯实水泥土桩地基 |
| | | 基础 | 无筋扩展基础，钢筋混凝土扩展基础，筏形与箱形基础，钢结构基础，钢管混凝土结构基础，型钢混凝土结构基础，钢筋混凝土预制桩基础，泥浆护壁成孔灌注桩基础，干作业成孔桩基础，长螺旋钻孔压灌桩基础，沉管灌注桩基础，钢桩基础，锚杆静压桩基础，岩石锚杆基础，沉井与沉箱基础 |
| | | 基坑支护 | 灌注桩排桩围护墙，板桩围护墙，咬合桩围护墙，型钢水泥土搅拌墙，土钉墙，地下连续墙，水泥土重力式挡墙，内支撑，锚杆，与主体结构相结合的基坑支护 |
| | | 地下水控制 | 降水与排水，回灌 |
| | | 土方 | 土方开挖，土方回填，场地平整 |
| | | 边坡 | 喷锚支护，挡土墙，边坡开挖 |
| | | 地下防水 | 主体结构防水，细部构造防水，特殊施工法结构防水，排水，注浆 |

续表

| 序号 | 分部工程 | 子分部工程 | 分项工程 |
|---|---|---|---|
| 2 | 主体结构 | 混凝土结构 | 模板，钢筋，混凝土，预应力、现浇结构，装配式结构 |
| | | 砌体结构 | 砖砌体，混凝土小型空心砌块砌体，石砌体，配筋砖砌体，填充墙砌体 |
| | | 钢结构 | 钢结构焊接，紧固件连接，钢零部件加工，钢构件组装及预拼装，单层钢结构安装，多层及高层钢结构安装，钢管结构安装，预应力钢索和膜结构，压型金属板，防腐涂料涂装，防火涂料涂装 |
| | | 钢管混凝土结构 | 构件现场拼装，构件安装，钢管焊接，构件连接，钢管内钢筋骨架，混凝土 |
| | | 型钢混凝土结构 | 型钢焊接，紧固件连接，型钢与钢筋连接，型钢构件组装及预拼装，型钢安装，模板，混凝土 |
| | | 铝合金结构 | 铝合金焊接，紧固件连接，铝合金零部件加工，铝合金构件组装，铝合金构件预拼装，铝合金框架结构安装，铝合金空间网格结构安装，铝合金面板，铝合金幕墙结构安装，防腐处理 |
| | | 木结构 | 方木和原木结构，胶合木结构，轻型木结构，木结构的防护 |
| 3 | 建筑装饰装修 | 建筑地面 | 基层铺设，整体面层铺设，板块面层铺设，木、竹面层铺设 |
| | | 抹灰 | 一般抹灰，保温层薄抹灰，装饰抹灰，清水砌体勾缝 |
| | | 外墙防水 | 外墙砂浆防水，涂膜防水，透气膜防水 |
| | | 门窗 | 木门窗安装，金属门窗安装，塑料门窗安装，特种门安装，门窗玻璃安装 |
| | | 吊顶 | 整体面层吊顶，板块面层吊顶，格栅吊顶 |
| | | 轻质隔墙 | 板材隔墙，骨架隔墙，活动隔墙，玻璃隔墙 |
| | | 饰面板 | 石板安装，陶瓷板安装，木板安装，金属板安装，塑料板安装 |
| | | 饰面砖 | 外墙饰面砖粘贴，内墙饰面砖粘贴 |
| | | 幕墙 | 玻璃幕墙安装，金属幕墙安装，石材幕墙安装，陶板幕墙安装 |
| | | 涂饰 | 水性涂料涂饰，溶剂型涂料涂饰，美术涂饰 |
| | | 裱糊与软包 | 裱糊、软包 |
| | | 细部 | 橱柜制作与安装，窗帘盒和窗台板制作与安装，门窗套制作与安装，护栏和扶手制作与安装，花饰制作与安装 |

续表

| 序号 | 分部工程 | 子分部工程 | 分项工程 |
|---|---|---|---|
| 4 | 屋面 | 基层与保护 | 找平层和找坡层，隔汽层，隔离层，保护层 |
| | | 保温与隔热 | 板状材料保温层，纤维材料保温层，喷涂硬泡聚氨酯保温层，现浇泡沫混凝土保温层，种植隔热层，架空隔热层，蓄水隔热层 |
| | | 防水与密封 | 卷材防水层，涂膜防水层，复合防水层，接缝密封防水层 |
| | | 瓦面与板面 | 烧结瓦和混凝土瓦铺装，沥青瓦铺装，金属板铺装，玻璃采光顶铺装 |
| | | 细部构造 | 檐口，檐沟和天沟，女儿墙和山墙，水落口，变形缝，伸出屋面管道，屋面出入口，反梁过水孔，设施基座，屋脊，屋顶窗 |
| 5 | 建筑给水排水及供暖 | 室内给水系统 | 给水管道及配件安装，给水设备安装，室内消火栓系统安装，消防喷淋系统安装，防腐，绝热，管道冲洗、消毒，试验与调试 |
| | | 室内排水系统 | 排水管道及配件安装，雨水管道及配件安装，防腐，试验与调试 |
| | | 室内热水系统 | 管道及配件安装，辅助设备安装，防腐，绝热，试验与调试 |
| | | 卫生器具 | 卫生器具安装，卫生器具给水配件安装，卫生器具排水管道安装，试验与调试 |
| | | 室内供暖系统 | 管道及配件安装，辅助设备安装，散热器安装，低温热水地板辐射供暖系统安装，电加热供暖系统安装，燃气红外辐射供暖系统安装，热风供暖系统安装，热计量及调控装置安装，试验与调试，防腐，绝热 |
| | | 室外给水管网 | 给水管道安装，室外消火栓系统安装，试验与调试 |
| | | 室外排水管网 | 排水管道安装，排水管沟与井池，试验与调试 |
| | | 室外供热管网 | 管道及配件安装，系统水压试验，土建结构，防腐，绝热，试验与调试 |
| | | 建筑饮用水供应系统 | 管道及配件安装，水处理设备及控制设施安装，防腐，绝热，试验与调试 |
| | | 建筑中水系统雨水利用系统 | 建筑中水系统，雨水利用系统管道及配件安装，水处理设备及控制设施安装，防腐，绝热，试验与调试 |
| | | 游泳池及公共浴池水系统 | 管道及配件系统安装，水处理设备及控制设施安装，防腐，绝热，试验与调试 |
| | | 水景喷泉系统 | 管道系统及配件安装，防腐，绝热，试验与调试 |
| | | 热源及辅助设备 | 锅炉安装，辅助设备及管道安装，安全附件安装，换热站安装，防腐，绝热，试验与调试 |
| | | 监测与控制仪表 | 检测仪器及仪表安装，试验与调试 |

续表

| 序号 | 分部工程 | 子分部工程 | 分项工程 |
| --- | --- | --- | --- |
| 6 | 通风与空调 | 送风系统 | 风管与配件制作，部件制作，风管系统安装，风机与空气处理设备安装，风管与设备防腐，旋流风口、岗位送风口、织物（布）风管安装，系统调试 |
| | | 排风系统 | 风管与配件制作，部件制作，风管系统安装，风机与空气处理设备安装，风管与设备防腐，吸风罩及其他空气处理设备安装，厨房、卫生间排风系统安装，系统调试 |
| | | 防排烟系统 | 风管与配件制作，部件制作，风管系统安装，风机与空气处理设备安装，风管与设备防腐，排烟风阀（口）、常闭正压风口、防火风管安装，系统调试 |
| | | 除尘系统 | 风管与配件制作，部件制作，风管系统安装，风机与空气处理设备安装，风管与设备防腐，除尘器与排污设备安装，吸尘罩安装，高温风管绝热，系统调试 |
| | | 舒适性空调系统 | 风管与配件制作，部件制作，风管系统安装，风机与空气处理设备安装，风管与设备防腐，组合式空调机组安装，消声器、静电除尘器、换热器、紫外线灭菌器等设备安装，风机盘管、变风量与定风量送风装置、射流喷口等末端设备安装，风管与设备绝热，系统调试 |
| | | 恒温恒湿空调系统 | 风管与配件制作，部件制作，风管系统安装，风机与空气处理设备安装，风管与设备防腐，组合式空调机组安装，电加热器、加湿器等设备安装，精密空调机组安装，风管与设备绝热，系统调试 |
| | | 净化空调系统 | 风管与配件制作，部件制作，风管系统安装，风机与空气处理设备安装，风管与设备防腐，净化空调机组安装，消声器、静电除尘器、换热器、紫外线灭菌器等设备安装，中、高效过滤器及风机过滤器单元等末端设备清洗与安装，洁净度测试，风管与设备绝热，系统调试 |
| | | 地下人防通风系统 | 风管与配件制作，部件制作，风管系统安装，风机与空气处理设备安装，风管与设备防腐，过滤吸收器、防爆波活门、防爆超压排气活门等专用设备安装，系统调试 |
| | | 真空吸尘系统 | 风管与配件制作，部件制作，风管系统安装，风机与空气处理设备安装，风管与设备防腐，管道安装，快速接口安装，风机与滤尘设备安装，系统压力试验及调试 |

续表

| 序号 | 分部工程 | 子分部工程 | 分　项　工　程 |
|---|---|---|---|
| 6 | 通风与空调 | 冷凝水系统 | 管道系统及部件安装，水泵及附属设备安装，管道冲洗，管道、设备防腐，板式热交换器，辐射板及辐射供热、供冷地埋管，热泵机组设备安装，管道、设备绝热，系统压力试验及调试 |
| | | 空调（冷、热）水系统 | 管道系统及部件安装，水泵及附属设备安装，管道冲洗，管道、设备防腐，冷却塔与水处理设备安装，防冻伴热设备安装，管道、设备绝热，系统压力试验及调试 |
| | | 冷却水系统 | 管道系统及部件安装，水泵及附属设备安装，管道冲洗，管道、设备防腐，系统灌水渗漏及排放试验，管道、设备绝热 |
| | | 土壤源热泵换热系统 | 管道系统及部件安装，水泵及附属设备安装，管道冲洗，管道、设备防腐，埋地换热系统与管网安装，管道、设备绝热，系统压力试验及调试 |
| | | 水源热泵换热系统 | 管道系统及部件安装，水泵及附属设备安装，管道冲洗，管道、设备防腐，地表水源换热管及管网安装，除垢设备安装，管道、设备绝热，系统压力试验及调试 |
| | | 蓄能系统 | 管道系统及部件安装，水泵及附属设备安装，管道冲洗，管道、设备防腐，蓄水罐与蓄冰槽、罐安装，管道、设备绝热，系统压力试验及调试 |
| | | 压缩式制冷（热）设备系统 | 制冷机组及附属设备安装，管道、设备防腐，制冷剂管道及部件安装，制冷剂灌注，管道、设备绝热，系统压力试验及调试 |
| | | 吸收式制冷设备系统 | 制冷机组及附属设备安装，管道、设备防腐，系统真空试验，溴化锂溶液加灌，蒸汽管道系统安装，燃气或燃油设备安装，管道、设备绝热，试验及调试 |
| | | 多联机（热泵）空调系统 | 室外机组安装，室内机组安装，制冷剂管路连接及控制开关安装，风管安装，冷凝水管道安装，制冷剂灌注，系统压力试验及调试 |
| | | 太阳能供暖空调系统 | 太阳能集热器安装，其他辅助能源、换热设备安装，蓄能水箱、管道及配件安装，防腐，绝热，低温热水地板辐射采暖系统安装，系统压力试验及调试 |
| | | 设备自控系统 | 温度、压力与流量传感器安装，执行机构安装调试，防排烟系统功能测试，自动控制及系统智能控制软件调试 |

续表

| 序号 | 分部工程 | 子分部工程 | 分项工程 |
|---|---|---|---|
| 7 | 建筑电气 | 室外电气 | 变压器、箱式变电站安装，成套配电柜、控制柜（屏、台）和动力、照明配电箱（盘）及控制柜安装，梯架、支架、托盘和槽盒安装，导管敷设，电缆敷设，管内穿线和槽盒内敷线，电缆头制作、导线连接和线路绝缘测试，普通灯具安装，专用灯具安装，建筑照明通电试运行，接地装置安装 |
| | | 变配电室 | 变压器、箱式变电站安装，成套配电柜、控制柜（屏、台）和动力、照明配电箱（盘）安装，母线槽安装，梯架、支架、托盘和槽盒安装，电缆敷设，电缆头制作、导线连接和线路绝缘测试，接地装置安装，接地干线敷设 |
| | | 供电干线 | 电气设备试验和试运行，母线槽安装，梯架、支架、托盘和槽盒安装，导管敷设，电缆敷设，管内穿线和槽盒内敷线，电缆头制作、导线连接和线路绝缘测试，接地干线敷设 |
| | | 电气动力 | 成套配电柜、控制柜（屏、台）和动力配电箱（盘）安装，电动机、电加热器及电动执行机构检查接线，电气设备试验和试运行，梯架、支架、托盘和槽盒安装，导管敷设，电缆敷设，管内穿线和槽盒内敷线，电缆头制作、导线连接和线路绝缘测试 |
| | | 电气照明 | 成套配电柜、控制柜（屏、台）和照明配电箱（盘）安装，梯架、支架、托盘和槽盒安装，导管敷设，管内穿线和槽盒内敷线，塑料护套线直敷布线，钢索配线，电缆头制作、导线连接和线路绝缘测试，普通灯具安装，专用灯具安装，开关、插座、风扇安装，建筑照明通电试运行 |
| | | 备用和不间断电源 | 成套配电柜、控制柜（屏、台）和动力、照明配电箱（盘）安装，柴油发电机组安装，不间断电源装置及应急电源装置安装，母线槽安装，导管敷设，电缆敷设，管内穿线和槽盒内敷线，电缆头制作、导线连接和线路绝缘测试，接地装置安装 |
| | | 防雷及接地 | 接地装置安装，防雷引下线及接闪器安装，建筑物等电位连接，浪涌保护器安装 |
| 8 | 智能建筑 | 智能化集成系统 | 设备安装，软件安装，接口及系统调试，试运行 |
| | | 信息接入系统 | 安装场地检查 |
| | | 用户电话交换系统 | 线缆敷设，设备安装，软件安装，接口及系统调试，试运行 |
| | | 信息网络系统 | 计算机网络设备安装，计算机网络软件安装，网络安全设备安装，网络安全软件安装，系统调试，试运行 |

续表

| 序号 | 分部工程 | 子分部工程 | 分　项　工　程 |
|---|---|---|---|
| 8 | 智能建筑 | 综合布线系统 | 梯架、托盘、槽盒和导管安装，线缆敷设，机柜、机架、配线架安装，信息插座安装，链路或信道测试，软件安装，系统调试，试运行 |
| | | 移动通信室内信号覆盖系统 | 安装场地检查 |
| | | 卫星通信系统 | 安装场地检查 |
| | | 有线电视及卫星电视接收系统 | 梯架、托盘、槽盒和导管安装，线缆敷设，设备安装，软件安装，系统调试，试运行 |
| | | 公共广播系统 | 梯架、托盘、槽盒和导管安装，线缆敷设，设备安装，软件安装，系统调试，试运行 |
| | | 会议系统 | 梯架、托盘、槽盒和导管安装，线缆敷设，设备安装，软件安装，系统调试，试运行 |
| | | 信息导引及发布系统 | 梯架、托盘、槽盒和导管安装，线缆敷设，显示设备安装，机房设备安装，软件安装，系统调试，试运行 |
| | | 时钟系统 | 梯架、托盘、槽盒和导管安装，线缆敷设，设备安装，软件安装，系统调试，试运行 |
| | | 信息化应用系统 | 梯架、托盘、槽盒和导管安装，线缆敷设，设备安装，软件安装，系统调试，试运行 |
| | | 建筑设备监控系统 | 梯架、托盘、槽盒和导管安装，线缆敷设，传感器安装，执行器安装，控制器、箱安装，中央管理工作站和操作分站设备安装，软件安装，系统调试，试运行 |
| | | 火灾自动报警系统 | 梯架、托盘、槽盒和导管安装，线缆敷设，探测器类设备安装，控制器类设备安装，其他设备安装，软件安装，系统调试，试运行 |
| | | 安全技术防范系统 | 梯架、托盘、槽盒和导管安装，线缆敷设，设备安装，软件安装，系统调试，试运行 |
| | | 应急响应系统 | 设备安装，软件安装，系统调试，试运行 |
| | | 机房 | 供配电系统，防雷与接地系统，空气调节系统，给水排水系统，综合布线系统，监控与安全防范系统，消防系统，室内装饰装修，电磁屏蔽，系统调试，试运行 |
| | | 防雷与接地 | 接地装置，接地线，等电位联接，屏蔽设施，电涌保护器，线缆敷设，系统调试，试运行 |

续表

| 序号 | 分部工程 | 子分部工程 | 分项工程 |
|---|---|---|---|
| 9 | 建筑节能 | 围护系统节能 | 墙体节能、幕墙节能、门窗节能、屋面节能、地面节能 |
| | | 供暖空调设备及管网节能 | 供暖节能，通风与空调设备节能，空调与供暖系统冷热源节能，空调与供暖系统管网节能 |
| | | 电气动力节能 | 配电节能、照明节能 |
| | | 监控系统节能 | 监测系统节能，控制系统节能 |
| | | 可再生能源 | 地源热泵系统节能，太阳能光热系统节能，太阳能光伏节能 |
| 10 | 电梯 | 电力驱动的曳引式或强制式电梯 | 设备进场验收，土建交接检验，驱动主机，导轨，门系统，轿厢，对重，安全部件，悬挂装置，随行电缆，补偿装置，电气装置，整机安装验收 |
| | | 液压电梯 | 设备进场验收，土建交接检验，液压系统，导轨，门系统，轿厢，对重，安全部件，悬挂装置，随行电缆，电气装置，整机安装验收 |
| | | 自动扶梯、自动人行道 | 设备进场验收，土建交接检验，整机安装验收 |

4. 建筑工程质量验收标准要求

(1) 检验批质量验收合格的规定。检验批是构成建筑工程质量验收的最小单位，是判定单位工程质量合格的基础。检验批质量合格应符合下列规定：

1) 主控项目的质量经抽样检验合格。主控项目是指对检验批质量有决定性影响的检验项目。它反映了该检验批所属分项工程的重要技术性能要求。主控项目中所有子项必须全部符合各专业验收规范规定的质量指标，才能判定该主控项目质量合格。反之，只要其中某一子项甚至某一抽查样本检验后达不到要求，即可判定该检验批质量为不合格，则该检验批拒收。换言之，主控项目中某一子项甚至某一抽查样本的检查结果为不合格时，即行使对检验批质量的否决权。

主控项目涉及的内容如下：

建筑材料、构配件及建筑设备的技术性能及进场复验要求。

涉及结构安全、使用功能的检测、抽查项目，如试块的强度、挠度、承载力、外窗的三性要求等。

任一抽查样本的缺陷都可能会造成致命影响。须严格控制的项目，如桩的位移、钢结构的轴线、电气设备的接地电阻等。

2) 一般项目的质量经抽样检验合格。当采用计数抽样时，合格点率应符合有关专业验收规范的规定，且不得存在严重缺陷。对于计数抽样的一般项目，正常检验一次、二次抽样可按《建筑工程施工质量验收统一标准》（GB 50300—2013）附录D判定。

一般项目是指除主控项目以外，对检验批质量有影响的检验项目，当其中缺陷（指超过规定质量指标的缺陷）的数量超过规定的比例，或样本的缺陷程度超过规定的限度后，对检验批质量会产生影响。它反映了该检验批所属分项工程的一般技术性能要求。一般项目的合格判定条件是：抽查样本的80%及以上（个别项目为90%以上，如混凝土规范中梁、板构件上部纵向受力钢筋保护厚度等）符合各专业验收规范规定的质量指标，其余样本的缺陷通常不超过规定允许偏差的1.5倍（个别规范规定为1.2倍，如钢结构验收规范等）。具体应根据各专业验收规范的规定执行。

3）具有完整的施工操作依据、质量检查记录。检验批施工操作依据的技术标准应符合设计、验收规范的要求。采用企业标准的不能低于国家、行业标准。有关质量检查的内容、数据、评定，由施工单位项目专业质量检查员填写，检验批验收记录及结论由监理单位监理工程师填写完整。

4）检验批质量验收结论。如均符合前述1）、2）两项要求，该检验批质量方能判定合格。若其中一项不符合要求，则不得判定该检验批质量为合格。验收合格后填写“检验批质量验收记录”。

（2）分项工程质量验收合格的规定。

1）所含检验批的质量均应验收合格。

2）所含检验批的质量验收记录应完整。

分项工程是由所含性质、内容一样的检验批汇集而成，是在检验批的基础上进行验收的，实际上是一个汇总统计的过程，并无新的内容和要求，但验收时应注意：

应核对检验批的部位是否全部覆盖分项工程的全部范围，有无缺漏部位未被验收。

检验批验收记录的内容及签字人是否正确、齐全。

验收合格填写“××分项工程质量验收记录”。

（3）分部（子分部）工程质量验收合格的规定。分部（子分部）工程的验收。分部工程仅含一个子分部时，应在分项工程质量验收基础上，直接对分部工程进行验收；当分部工程含两个及两个以上子分部工程时，则应在分项工程质量验收的基础上，先对子分部工程分别进行验收，再将子分部工程汇总成分部工程。

1）所含分项工程的质量均应验收合格。

①分部（子分部）工程所含各分项工程施工均已完成。

②所含各分项工程划分正确。

③所含各分项工程均按规定通过了合格质量验收。

④所含各分项工程验收记录表内容完整，填写正确，收集齐全。

2）质量控制资料应完整。质量控制资料完善是工程质量合格的重要条件，在分部工程质量验收时，应根据各专业工程质量验收规范中对分部或子分部工程质量控制资料所作的具体规定，进行系统检查，着重检查资料的齐全、项目的完整、内容的准确和签署的规范。另外在资料检查时，还应注意以下几点：

有些龄期要求较长的检测资料，在分项工程验收时，尚不能及时提供，应在分部（子分部）工程验收时进行补查，如基础混凝土（有时按 60d 龄期强度设计）或主体结构后浇筑混凝土施工等。

对施工中质量不符合要求的检验批、分项工程按有关规定进行处理后的资料归档审核。

对于建筑材料的复验范围，各专业验收规范都作了具体规定，检验时按产品标准规定的组批规则、抽样数量、检验项目进行，但有的规范另有不同要求，这一点在质量控制资料核查时需引起注意。

3）有关安全、节能、环境保护和主要使用功能的抽样检验结果应符合相应规定。如地基与基础、主体结构和设备安装等分部工程，涉及工程安全和主要功能的检验和抽样，检测结果应符合规定。

对涉及结构安全及使用功能检验（检测）的要求，应按设计文件及专业工程质量验收规范中所作的具体规定执行。如对工程桩进行承载力检测和桩身质量检测的规定，混凝土验收规范对结构实体所作的混凝土强度及钢筋保护层厚度检验规定等，都应严格执行。在验收时还应注意以下几点：

检查各专业验收规范所规定的各项检验（检测）项目是否都进行了测试。

查阅各项检验报告（记录），核查有关抽样方案、测试内容、检测结果等是否符合有关标准规定。

核查有关检测机构的资质，取样与送样见证人员资格，报告出具单位责任人的签署情况是否符合要求。

4）观感质量验收应符合要求。观感质量验收是指在分部所含的分项工程完成后，在前三项检查的基础上，对已完工部分工程的质量，采用目测、触摸和简单量测等方法，所进行的一种宏观检查方式。由于其检查的内容和质量指标已包含在各个分项工程内，所以对分部工程进行观感质量检查和验收，并不增加新的项目，只不过是转换一下视角，采用一种更直观、便捷、快速的方法，对工程质量从外观上作一次重复的、扩大的、全面的检查，这是由建筑施工特点所决定的，也是十分必要的。

尽管其所包含的分项工程原来都经过检查与验收，但随着时间的推移，气候的变化，荷载的递增等，可能会出现质量变异情况，如材料裂缝、建筑物的渗漏、变形等。

弥补受抽样方案局限造成的检查数量不足和后续施工部位（如施工洞、井架洞、脚手架洞等）原先检查不到的缺憾，扩大了检查面。

通过对专业分包工程的质量验收和评价，分清了质量责任，可减少质量纠纷，既促进了专业分包队伍技术素质的提高，又增强了后续施工对产品的保护意识。

观感质量验收并不给出“合格”或“不合格”的结论，而是给出“好、一般或差”的总体评价，所谓“一般”是指经观感质量检查能符合验收规范的要求；所谓“好”是指在质量符合验收规范的基础上，能达到精致、流畅、匀净的要求，精度控制好；所谓“差”是指勉强达到验收规范的要求，但质量不够稳定，离散性较大，给人以粗疏的印象。观感质量验收若发现有影响安全、功能的缺陷，有超过偏差限值或明显影响观感效果的缺陷，应处理后再进行验收。

分部（子分部）工程质量验收应在施工单位检查评定的基础上进行，勘察、设计单位应在有关的分部工程验收表上签署验收意见，监理单位总监理工程师应填写验收意见，并给出“合格”或“不合格”的结论。

验收合格填写“××分部（子分部）工程质量验收记录表”。

(4) 单位（子单位）工程质量验收合格的规定。单位工程未划分子单位工程时，应在分部工程质量验收的基础上，直接对单位工程进行验收；当单位工程划分为若干子单位工程时，则应在分部工程质量验收的基础上，先对子单位工程进行验收，再将子单位工程汇总成单位工程。

单位（子单位）工程质量验收合格应符合下列规定：

1）单位（子单位）工程所含分部（子分部）工程的质量均应验收合格。

设计文件和承包合同所规定的工程已全部完成。

各分部（子分部）工程划分正确。

各分部（子分部）工程均按规定通过了合格质量验收。

各分部（子分部）工程验收记录表内容完整，填写正确，收集齐全。

2）质量控制资料应完整。质量控制资料完整是指所收集的资料能反映工程所采用的建筑材料、构配件和建筑设备的质量技术性能，施工质量控制和技术管理状况，涉及结构安全和使用功能的施工试验和抽样检测结果，以及建设参与各方参加质量验收的原始依据、客观记录、真实数据和执行见证等资料，能确保工程结构安全和使用功能，满足设计要求，让人放心。它是评价工程质量的主要依据，是印证各方各级质量责任的证明，也是工程竣工交付使用的“合格证”与“出厂检验报告”。

尽管质量控制资料在分部工程质量验收时已检查过，但某些资料由于受试验龄期的影响，或受系统测试的需要等，难以在分部验收时到位。单位工程验收时，对所有分部工程资料的系统性和完整性，进行一次全面的核查，是十分必要的，只不过不再像以前那样进行微观检查，而是在全面梳理的基础上，重点检查是否需要拾遗补缺，从而达到完整无缺的要求。

单位（子单位）工程质量控制资料的检查应在施工单位自查的基础上进行，施工单位应填写“单位（子单位）工程质量控制资料核查记录”，并在表中填上资料的份数，监理单位应填上核查意见，总监理工程师应给出质量控制资料“完整”或“不完整”的结论。

3）单位（子单位）工程所含分部工程有关安全和功能的检测资料应完整。前项检查是对所有涉及单位工程验收的全部质量控制资料进行的普查，本项检查则是在其基础上对其中涉及结构安全和建筑功能的检测资料所作的一次重点抽查，体现了新的验收规范对涉及结构安全和使用功能方面的强化作用，这些检测资料直接反映了房屋建筑物、附属构筑物及其建筑设备的技术性能，其他规定的试验、检测资料共同构成建筑产品一份“形式”检验报告，即“单位（子单位）工程安全和功能检验资料核查及主要功能抽查记录”。

其中大部分项目在施工过程中或分部工程验收时已做了测试，但也有部分要待单位工程全部完工后才能做，如建筑物的节能、保温测试、室内环境检测、照明全负荷试验、空调系统的温度测试等；有的项目即使原来在分部工程验收时已做了测试，但随着荷载的增加引起的变化，这些检测项目需循序渐进，连续进行，如建筑物沉降及垂直测量、电梯运行记录等。所以在单位工程验收时对这些检测资料进行核查，并不是简单的重复检查，而是对原有检测资料所作的一次延续性的补充、修正和完善，是整个“形式”检验的一个组成部分。

“单位（子单位）工程安全和功能检验资料核查及主要功能抽查记录”中的资料份数，应由施工单位填写，总监理工程师应逐一进行核查，尤其对检测的依据、结论、方法和签署情况应认真审核，并在表上填写核查意见，给出“完整”或“不完整”的结论。

4）主要使用功能的抽查结果应符合相关专业质量验收规范的规定。上述第3）项中的检测资料与第2）项质量控制资料中的检测资料共同构成了一份完整的建筑产品“形式”检验报告，本项对主要建筑功能项目进行抽样检查，则是建筑产品在竣工交付使用以前所作的最后一次质量检验，即相当于产品的“出厂”检验。这项检查是在施工单位自查全部合格的基础上，由参加验收的各方人员商定，由监理单位实施抽查。可选择其中在当地容易发生质量问题或施工单位质量控制比较薄弱的项目和部位进行抽查。其中涉及应由有资质检测单位检查的项目，监理单位应委托检测，其余项目可由自己进行实体检查，施工单位应予配合。至于抽样方案，可根据现场施工质量控制等级，施工质量总体水平和监理监控的效果进行选择。房屋建筑功能质量由于关系到用户切身利益，是用户最为关心的，检查时应从严把握。对于查出的影响使用功能的质量问题，必须全数整改，达到各专业验收规范的要求。对于检查中发现的倾向性质量问题，则应调整抽样方案，或扩大抽样样本数量，甚至采用全数检查方案。

5）观感质量验收应符合要求。单位（子单位）工程观感质量验收与主要功能项目的抽查一样，相当于商品的“出厂”检验，故其重要性是显而易见的。其检查的要求、方法与分部工程相同。凡在工程上出现的项目，均应进行检查，并逐项填写“好”、“一般”或“差”的质量评价。为了减少受检查人员个人主观因素的影响，观感检查应至少3人共同参加，共同确定。

观感质量验收不单纯是对工程外表质量进行检查，同时也是对部分使用功能和使用安全所作的一次宏观检查。如门、窗启闭是否灵活，关闭是否严密，即属于使用功能。又如室内顶棚抹灰层的空鼓、楼梯踏步高差过大等，涉及使用的安全，在检查时应加以关注。检查中发现有影响使用功能和使用安全的缺陷，或不符合验收规范要求的缺陷，应进行处理后再进行验收。

观感质量检查应在施工单位自查的基础上进行，总监理工程师在观感质量综合评价后，并给出“符合”与“不符合”要求的检查结论。

单位（子单位）工程质量验收完成后，应按要求填写“位（子单位）工程质量竣工验收记录”。其中：验收记录由施工单位填写；验收结论由监理单位填写；综合验收结论由参加验收各方共同商定，建设单位填写，并应对工程质量是否符合设计和规范要求及总体质量水平作出评价。

（5）质量不符合要求时的处理规定。

1）经返工或返修的检验批，应重新进行验收。返工重做是指对该检验批的全部或局部推倒重来，或更换设备、器具等的处理，处理或更换后，应重新按程序进行验收。如某住宅楼一层砌砖，验收时发现砖的强度等级为 MU5，达不到设计要求的 MU10，推倒后重新使用 MU10 砖砌筑，其砖砌体工程的质量应重新按程序进行验收。

重新验收质量时，要对该检验批重新抽样、检查和验收，并重新填写检验批质量验收记录表。

2）经有资质的检测单位检测鉴定能够达到设计要求的检验批，应予以验收。这种情况多数是指留置的试块失去代表性，或因故缺少试块的情况，以及试块试验报告缺少某项有关主要内容，也包括对试块或试验结果有怀疑时，经有资质的检测机构对工程进行检测测试。其测试结果证明，该检验批的工程质量能够达到设计图纸要求，这种情况应按正常情况予以验收。

3）经有资质的检测单位检测鉴定达不到设计要求，但经原设计单位核算认可能够满足结构安全和使用功能的检验批，可予以验收。

这种情况是指某项质量指标达不到设计图纸的要求，如留置的试块失去代表性，或是因故缺少试块以及试验报告有缺陷，不能有效证明该项工程的质量情况，或是对该试验报告有怀疑时，要求对工程实体质量进行检测。经有资质的检测单位检测鉴定达不到设计图纸要求，但差距不是太大。同时经原设计单位进行验算，认为仍可满足结构安全和使用功能，可不进行加固补强。如原设计计算混凝土强度为 27MPa，选用了 C30 混凝土。同一验收批中共有 8 组试块，8 组试块混凝土立方体抗压强度的理论均值达到混凝土强度评定要求，其中 1 组强度不满足最小值要求，经检测结果为 28MPa，设计单位认可能满足结构安全，并出具正式的认可证明，有注册结构工程师签字，加盖单位公章，由设计单位承担责任。因为设计责任就是设计单位负责，出具认可证明，也在其质量责任范围内，故可予以验收。

以上三种情况都应视为符合验收规范规定的质量合格的工程。只是管理上出现了一些不正常的情况，使资料证明不了工程实体质量，经过检测或设计验收，满足了设计要求，给予通过验收是符合验收规范规定的。

4）经返修或加固处理的分项、分部工程，虽改变外形尺寸但仍能满足安全使用要求，可按技术处理方案和协商文件进行验收。

这种情况是指某项质量指标达不到设计图纸的要求，经有资质的检测单位检测鉴定也未达到设计图纸要求，设计单位经过验算，的确达不到原设计要求。经分析，找出了事故原因，分清了质量责任，同时经过建设单位、施工单位、设计单位、监理单位等协商，同意进行加固补强，协商好加固费用的处理、加固后的验收等事宜。由原设计单位出具加固技术方案，虽然改变了建筑构件的外形尺寸，或留下永久性缺陷，包括改变工程的用途在内，按协商文件进行验收，这是有条件的验收，由责任方承担经济损失或赔偿等。这种情况实际是工程质量达不到验收规范的合格规定，应属不合格工程的范畴。但根据《建设工程质量管理条例》的第 24 条、第 32 条等对不合格工程的处理规定，经过技术处理（包括加固补强），最后能达到保证安全和使用功能，也是可以通过验收的。这是为了减少社会财富不必要的损失，出了质量事故的工程不能都推倒报废，只要能保证结构安全和使用功能，仍作为特殊情况进行验收，是属于让步接收的做法，不属于违反《建设工程质量管理条例》的范围，但其有关技术处理和协商文件应在质量控制资料核查记录表和单位（子单位）工程质量竣工验收记录表中载明。

5）工程质量控制资料应齐全完整。当部分资料缺失时，应委托有资质的检测机构按有关标准进行相应的实体检验或抽样试验。

6）通过返修或加固处理仍不能满足安全使用要求的分部（子分部）工程、单位（子单位）工程，严禁验收。

这种情况通常是指不可修复，或采取措施后仍不能满足设计要求的情况。这种情况应坚决返工重做，严禁验收。

分部工程及单位工程经返修或加固处理后仍不能满足安全或重要的使用功能时，表明工程质量存在严重的缺陷。重要的使用功能不满足要求时，将导致建筑物无法正常使用，安全不满足要求时，将危及人身健康或财产安全，严重时会给社会带来巨大的安全隐患，因此对这类工程严禁通过验收，更不得擅自投入使用，需要专门研究处置方案。

5. 建筑工程质量验收程序和组织

（1）建筑工程质量验收程序。

1）检验批质量验收合格。检验批是工程验收的最小单位，是分项工程、分部工程、单位工程质量验收的基础。检验批验收包括资料检查、主控项目和一般项目检验，资料完整并且检验批判定为合格。

2）分项工程质量验收合格。分项工程的验收是以检验批为基础进行的，分项工程质量合格的条件是构成分项工程的各检验批验收资料齐全完整，且各检验批均已验收合格。

3）分部工程质量验收合格。分部工程的验收是以所含各分项工程验收为基础进行的。首先，组成分部工程的各分项工程已验收合格且相应的质量控制资料齐全、完整；其次是对涉及安全、节能、环保和主要使用功能的分部进行见证检验或抽样检验，进行观感质量验收并合格。

4）单位工程质量验收。也称质量竣工验收，是建筑工程投入使用前的最后一次验收，也是最重要的一次验收，除各分部工程验收合格外，质量控制资料的完整性、涉及安全和使用功能等分部工程资料复查、主要使用功能抽查、观感质量验收等均应合格。

（2）建筑工程质量验收组织。

1）检验批应由专业监理工程师组织施工单位项目专业质量检查员、专业工长等进行验收。检验批验收是建筑工程施工质量验收的最基本层次，是单位工程质量验收的基础，所有检验批均应由专业监理工程师组织验收。验收前，施工单位应完成自检，对存在的问题自行整改处理，然后申请专业监理工程师组织验收。

2）分项工程应由专业监理工程师组织施工单位项目专业技术负责人等进行验收。分项工程由若干个检验批组成，也是单位工程质量验收的基础。验收时在专业监理工程师组织下，可由施工单位项目技术负责人对所有检验批验收记录进行汇总，核查无误后报专业监理工程师审查，确认符合要求后，由项目专业技术负责人在分项工程质量验收记录中签字，然后由专业监理工程师签字通过验收。

在分项工程验收中，如果对检验批验收结论有怀疑或异议时，应进行相应的现场检查核实。

3）分部工程应由总监理工程师组织施工单位项目负责人和项目技术负责人等进行验收。勘察、设计单位项目负责人和施工单位技术、质量部门负责人应参加地基与基础分部工程的验收。设计单位项目负责人和施工单位技术、质量部门负责人应参加主体结构、节能分部工程的验收。

房屋建筑工程所包含的10个分部工程中，参加验收的人员可有以下三种情况：

①除地基基础、主体结构和建筑节能三个分部工程外，其他七个分部工程的验收组织相同，即由总监理工程师组织，施工单位项目负责人和项目技术负责人等参加。

②由于地基与基础分部工程情况复杂，专业性强，且关系整个工程的安全，为保证质量，严格把关，规定勘察、设计单位项目负责人应参加验收，并要求施工单位技术、质量部门负责人也应参加验收。

③由于主体结构直接影响使用安全，建筑节能是基本国策，直接关系到国家资源战略、可持续发展等，故这两个分部工程，规定设计单位项目负责人应参加验收，并要求施工单位技术、质量部门负责人也应参加验收。

参加验收的人员，除指定的人员必须参加验收外，允许其他相关人员共同参加验收。

由于各施工单位的机构和岗位设置不同，施工单位技术、质量负责人允许是两位人员，也可以是一位人员。

勘察、设计单位项目负责人应为勘察、设计单位负责本工程项目的专业负责人，不应由与本项目无关或不了解本项目情况的其他人员、非专业人员代替。

4）单位工程中的分包工程完工后，分包单位应对所承包的工程项目进行自检，并应按本标准规定的程序进行验收。验收时，总包单位应派人参加。分包单位应将所分包工程的质量控制资料整理完整，并移交给总包单位。

《建设工程承包合同》的双方主体是建设单位和总承包单位，总承包单位应按照承包合同的权利义务对建设单位负责。总承包单位可以根据需要将建设工程的一部分依法分包给其他具有相应资质的单位，分包单位对总承包单位负责，亦应对建设单位负责。总承包单位就分包单位完成的项目向建设单位承担连带责任。因此，分包单位对承建的项目进行验收时，总承包单位应参加，检验合格后，分包单位应将工程的有关资料整理完整后移交给总承包单位，建设单位组织单位工程质量验收时，分包单位负责人应参加验收。

5）单位工程完工后，施工单位应组织有关人员进行自检。总监理工程师应组织各专业监理工程师对工程质量进行竣工预验收。存在施工质量问题时，应由施工单位整改。整改完毕后，由施工单位向建设单位提交工程竣工报告，申请工程竣工验收。

单位工程完成后，施工单位应首先依据验收规范、设计图纸等组织有关人员进行自检，对检查发现的问题进行必要的整改。

工程竣工预验收由总监理工程师组织，各专业监理工程师参加，施工单位由项目经理、项目技术负责人等参加，其他各单位人员可不参加。

竣工预验收符合规定后由施工单位向建设单位提交工程竣工报告和完整的质量控制资料，申请建设单位组织竣工验收。

6）建设单位收到工程竣工报告后，应由建设单位项目负责人组织监理、施工、设计、勘察等单位项目负责人进行单位工程验收。

单位工程竣工验收是依据国家有关法律、法规及规范、标准的规定，全面考核建设工作成果，检查工程质量是否符合设计文件和合同约定的各项要求。竣工验收通过后，工程将投入使用，发挥其投资效应，也将与使用者的人身健康或财产安全密切相关。因此工程建设的参与单位应对竣工验收给予足够的重视。

单位工程质量验收应由建设单位项目负责人组织，由于勘察、设计、施工、监理单位都是责任主体，因此各单位项目负责人应参加验收，考虑施工单位对工程负有直接生产责任，而施工项目部不是法人单位，故施工单位的技术、质量负责人也应参加验收。

在一个单位工程中，对满足生产要求或具备使用条件，施工单位已自行检验，监理单位已预验收的子单位工程，建设单位可组织进行验收。由几个施工单位负责施工的单位工程，当其中的子单位工程已按设计要求完成，并经自行检验，也可按规定的程序组织正式验收，办理交工手续。在整个单位工程验收时，已验收的子单位工程验收资料应作为单位工程验收的附件。

## 四、建筑工程质量问题分析与处理要求

### 1. 工程质量问题的分类

工程质量问题一般分为工程质量缺陷、工程质量通病、工程质量事故。

（1）工程质量缺陷。是指工程达不到技术标准允许的技术指标的现象。

（2）工程质量通病。是指各类影响工程结构、使用功能和外形观感的常见性质量损伤，犹如“多发病”一样，而称为质量通病。

目前建筑安装工程最常见的质量通病主要有如下几类：

1）基础不均匀下沉，墙下裂。

2）现浇钢筋混凝土工程出现蜂窝、麻面、露筋。

3）现浇钢筋混凝土阳台、雨篷根部开裂或倾覆、坍塌。

4）砂浆、混凝土配合比控制不严，任意加水，强度得不到保证。

5）屋面、厨房渗水、漏水。

6）墙面抹灰起壳、裂缝、起麻点、不平整。

7）地面及楼面起砂、起壳、开裂。

8）门窗变形、缝隙过大、密封不严。

9）水暖电卫安装粗糙，不符合使用要求。

10）结构吊装就位偏差过大。

11）预制构件裂缝，预埋件移位，预应力张拉不足。

12）砖墙接槎或预留脚手眼不符合规范要求。

13）金属栏杆、管道、配件锈蚀。

14）墙纸粘贴不牢、空鼓、折皱、压平起光。

15）饰面板、饰面砖拼缝不平、不直、空鼓、脱落。

16）喷浆不均匀、脱色、掉粉等。

（3）工程质量事故。是指在工程建设过程中或交付使用后，对工程结构安全、使用功能和外形观感影响较大、损失较大的质量损伤。如住宅阳台、雨篷倾覆，桥梁结构坍塌，大体积混凝土强度不足，管道、容器爆裂使气体或液体严重泄漏等。它的特点是：

经济损失达到较大的金额；

有时造成人员伤亡；

后果严重，影响结构安全；

无法降级使用，难以修复时，必须推倒重建。

2. 工程质量事故的分类及处理权限

（1）工程质量事故的分类。各门类，各专业工程，各地区、不同时期界定建设工程质量事故的标准尺度不一。国家现行通常采用按造成损失严重程度对工程质量进行分类，其基本分类见表1-7。

**表1-7　　工程质量事故的分类**

| 事故类型 | 具备条件之一 |
| --- | --- |
| 一般质量事故 | （1）直接经济损失在5000元（含5000元）以上，不满50 000元的；<br>（2）影响使用功能和工程结构安全，造成永久质量缺陷的 |
| 严重质量事故 | （1）直接经济损失在50 000元（含50000元）以上，不满10万元的；<br>（2）严重影响使用功能或工程结构安全，存在重大质量隐患的；<br>（3）事故性质恶劣或造成2人以下重伤的 |
| 重大质量事故 | （1）工程倒塌或报废；<br>（2）由于质量事故，造成人员死亡或重伤3人以上；<br>（3）直接经济损失10万元以上 |
| 特别重大工程质量事故 | （1）发生一次死亡30人及其以上；<br>（2）直接经济损失达500万元及其以上；<br>（3）其性质特别严重 |

按国家建设行政主管部门规定，重大质量事故分为四个等级。对工程建设过程中或由于勘察设计、监理、施工等过失造成的工程质量低劣，而在交付使用后

发生的重大质量事故，或因工程质量达不到合格标准，而需加固补强、返工或报废，直接经济损失达10万元以上的重大质量事故分级为：

1）凡造成死亡30人以上或直接经济损失在300万元以上为一级。

2）凡造成死亡10人以上或直接经济损失在100万元以上，不满300万元为二级。

3）凡造成死亡3人以上9人以下或重伤20人以上或直接经济损失在30万元以上，不满100万元为三级。

4）凡造成死亡2人以下，或重伤3人以上19人以下或直接经济损失在10万元以上，不满30万元为四级。

（2）各级主管部门处理权限。各级主管部门处理权限及组成调查组权限如下：

特别重大质量事故由国务院按有关程序和规定处理；重大质量事故由国家建设行政主管部门归口管理；严重质量事故由省、自治区、直辖市建设行政主管部门归口管理；一般质量事故由市、县级建设行政主管部门归口管理。

工程质量事故调查组由事故发生地的市、县以上建设行政主管部门或国务院有关主管部门组织成立。特别重大质量事故调查组组成由国务院批准；一、二级重大质量事故由省、自治区、直辖市建设行政主管部门提出组成意见，人民政府批准；三、四级重大质量事故由市、县级行政主管部门提出组成意见，相应级别人民政府批准；严重质量事故调查组由省、自治区、直辖市建设行政主管部门组织；一般质量事故调查组由市、县级建设行政主管部门组织；事故发生单位属国务院部委的，由国务院有关主管部门或其授权部门会同当地建设行政主管部门组织调查组。

3. 工程质量问题原因分析

工程质量事故的表现形式千差万别，类型多种多样，例如结构倒塌、倾斜、错位、不均匀或超量沉陷、变形、开裂、渗漏、强度不足、尺寸偏差过大等，但究其原因，归纳起来主要有以下几方面。

（1）违背建设程序和法规。

1）违反建设程序。建设程序是工程项目建设过程及其客观规律的反映，但有些工程不按建设程序办事，例如，没有搞清工程地质情况就仓促开工；边设计、边施工；任意修改设计，不按图施工，不经竣工验收就交付使用等，它是导致重大工程质量事故的重要原因。

2）违反有关法规和工程合同的规定。例如，无证设计；无证施工；越级设计；越级施工；工程招、投标中的不公平竞争；超常的低价中标；非法分包；转包、挂靠；擅自修改设计等。

（2）工程地质勘察失误或地基处理失误。

1）工程地质勘察失误。诸如未认真进行地质勘察或勘探时钻孔深度、间距、范围不符合规定要求，地质勘察报告不详细、不准确，不能全面反映实际的地基情况等，从而使得或地下情况不清，或对基岩起伏、土层分布误判，或未查清地下软土层、墓穴、孔洞等，它们均会导致采用不恰当或错误的基础方案，造成地基不均匀沉降、失稳，使上部结构或墙体开裂、破坏，或引发建筑物倾斜、倒塌等质量事故。

2）地基处理失误。对软弱土、杂填土、冲填土、大孔性土或湿隐性黄土、膨胀土、红黏土、溶岩、土洞、岩层出露等不均匀地基未进行处理或处理不当，也是导致重大事故的原因。必须根据不同地基的特点，从地基处理、结构措施、防水措施、施工措施等方面综合考虑，加以治理。

（3）设计计算问题。诸如盲目套用图纸，采用不正确的结构方案，计算简图与实际受力情况不符，荷载取值过小，内力分析有误，沉降缝或变形缝设置不当，悬挑结构未进行抗倾覆验算，以及计算错误等，都是引发质量事故的隐患。

（4）建筑材料、制品及设备不合格。诸如钢筋物理力学性能不良会导致钢筋混凝土结构产生裂缝或脆性破坏；骨料中活性氧化硅会导致碱骨料反应，使混凝土产生裂缝；水泥安定性不良会造成混凝土爆裂；水泥受潮、过期、结块，砂石含泥量、有害物质含量及外加剂掺量等不符合要求时，会影响混凝土强度、和易性、密实性、抗渗性，从而导致混凝土结构强度不足、裂缝、渗漏、蜂窝等质量事故。此外，预制构件断面尺寸不足，支承锚固长度不足，未可靠地建立预应力值，漏放或少放钢筋，板面开裂等均可能出现断裂、坍塌事故。

建筑设备不合格，诸如变配电设备质量缺陷导致自燃或火灾，电梯质量不合格危及人身安全，均可造成工程质量问题。

（5）施工与管理失控。施工与管理失控是造成大量质量问题的常见原因。其主要表现为：

1）图纸未经会审即仓促施工；或不熟图纸，盲目施工。

2）未经设计部门同意，擅自修改设计；或不按图施工。例如将铰接做成刚接，将简支梁做成连续梁；用光圆钢筋代替异形钢筋等，导致结构破坏。挡土墙不按图设滤水层、排水导孔，导致压力增大，墙体破坏或倾覆。

3）不按有关的施工质量验收规范和操作规程施工。例如，浇筑混凝土时振捣不良，产生薄弱部位；砖砌体包心砌筑，上下通缝，灰浆不均匀、饱满等，均能导致砖墙或砖柱破坏。

4）缺乏基本结构知识，蛮干施工，例如，将钢筋混凝土预制梁倒置吊装；将悬挑结构钢筋放在受压区等，均将导致结构破坏，造成严重后果。

5）施工管理紊乱，施工方案考虑不周，施工顺序错误，技术交底不清，违章作业，疏于检查、验收等，均可能导致质量事故。

（6）自然条件影响。空气温度、湿度、暴雨、大风、洪水、雷电、日晒等均可能成为质量事故的诱因。

（7）建筑物或设施的使用不当。对建筑物或设施使用不当，也易造成质量事故。例如，未经校核验算就任意对建筑物加层；任意拆除承重结构部；任意在结构物上开槽、打洞、削弱承重结构截面等，也会引起质量事故。

4. 工程质量问题处理程序

工程质量问题发生后，一般可以按如图1-8所示程序进行处理。

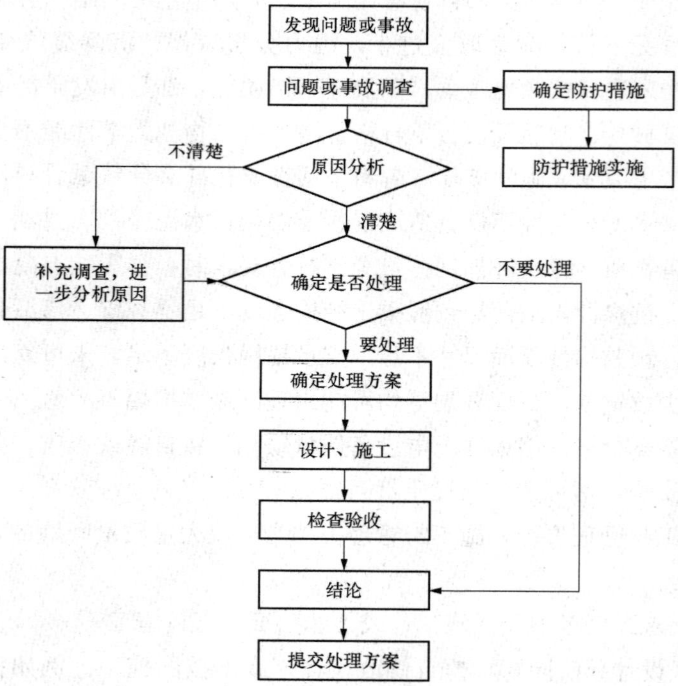


图1-8　质量事故分析处理程序

（1）当发现工程出现质量问题或事故后，应停止有质量问题部位和其有关部位及下道工序施工，需要时，还应采取适当的防护措施。同时，要及时上报主管部门。

(2) 进行质量问题调研，主要目的是要明确问题的范围、程度、性质、影响和原因，为问题的分析处理提供依据。调查力求全面、准确、客观。

(3) 在问题调查的基础上进行问题原因分析，正确判断问题原因。事故原因分析是确定事故处理措施方案的基础。正确的处理来源于对问题原因的正确判断。只有对调查提供的充分的调查资料、数据进行详细、深入的分析后，才能由表及里、去伪存真地找出造成事故的真正原因。

(4) 研究制订事故处理方案。事故处理方案的制订以事故原因分析为基础。如果对某些事故一时认识不清，而且事故一时不致产生严重的恶化，可以继续进行调查、观测，以便掌握更充分的资料数据，做进一步分析，找出原因，以便于制订方案。

制订的事故处理方案应体现安全可靠，不留隐患，满足建筑物的功能和使用要求。如果一致认为质量缺陷，不需专门的处理，必须经过充分的分析、论证。

(5) 按确定的处理方案对质量事故进行处理。发生的质量事故不论是否为施工承包单位方面的责任原因造成的，其处理通常都是由施工承包单位负责实施。如果不是施工单位方面的责任原因，则施工单位处理质量事故所需的费用或延误的工期，应依法得到补偿。

(6) 在质量问题处理完毕后，应组织有关人员对处理结果进行严格的检查、鉴定和验收，由监理工程师写出“质量事故处理报告”，提交业主或建设单位，并上报有关主管部门。

5. 工程质量事故处理方案的确定

(1) 事故处理的依据。处理工程质量事故，必须分析原因，作出正确的处理决策，这就要以充分的、准确的有关资料作为决策基础和依据。一般的质量事故处理，必须具备以下资料。

1) 与事故有关的施工图纸和技术说明。

2) 与工程施工有关的资料、记录。例如，施工组织设计或施工方案、施工计划、施工记录、施工日志，有关建筑材料的质量证明资料。

3) 事故调查分析报告一般应包括以下内容。

①质量事故的情况：包括质量事故发生的时间、地点，事故情况，有关的观测记录，事故的发展变化趋势是否已趋稳定等。

②事故性质：应区分是结构性问题，还是一般性问题；是内在的实质性的问

题，还是表面性的问题；是否需要及时处理；是否需要采取保护性措施。

③事故原因：阐明造成质量事故的主要原因，例如对于混凝土结构裂缝，是由于地基的不均匀沉降导致的，还是温度应力所致，或是施工拆模前受到冲击、振动的结果，抑或是结构本身承载力不足的结果等。对此，应附加有说服力的资料、数据说明。

④事故评估：应阐明该质量事故对于建筑物功能、使用要求、结构承受力、性能及施工安全有何影响，并应附有实测、验算数据和试验资料。

⑤设计、施工以及使用单位对事故的意见和要求。

⑥事故涉及的人员与主要责任者的情况等。

4）相关工程建设法规文件规定。

（2）事故处理方案。质量事故处理方案，应当在正确地分析和判断事故原因的基础上进行。通常可归纳为三种类型的处理方案。

1）修补处理。这是最常采用的一类处理方案。通常当工程的某些部分的质量虽未达到规定的规范、标准或设计要求，存在一定的缺陷，但经过修补后还可达到要求的标准，又不影响使用功能或外观要求，在此情况下，可以做出进行修补处理的决定。

属于修补方案的具体方案有很多，例如封闭保护、复位纠偏、结构补强、表面处理等。例如，某些混凝土结构表面出现蜂窝麻面，经调查、分析，该部位经修补处理后，不会影响其使用及外观；某些结构混凝土发生表面裂缝，根据其受力情况，仅做表面封闭保护即可等。

2）返工处理。当工程质量未达到规定的标准或要求，有明显的严重质量问题，对结构的使用和安全有重大影响，而又无法通过修补的办法纠正所出现的缺陷时，可以做出返工处理的决定。例如，某防洪堤坝的填筑压实后，其压实土的干容重未达到规定的干容重值，核算将影响土体的稳定和抗渗要求，可以进行返工处理，即挖除不合格土，重新填筑。又如某工程预应力按混凝土规定张力系数为1.3，但实际仅为0.8，属于严重的质量缺陷，也无法修补，即需作出返工处理的决定。十分严重的质量事故甚至要作出整体拆除的决定。

3）不做处理。某些工程质量问题虽然不符合规定的要求或标准，但如其情况不严重，对工程或结构的使用及安全影响不大，经过分析、论证和慎重考虑后，也可作出不做专门处理的决定。可以不做处理的情况一般有以下几种。

①不影响结构安全和正常使用。例如，有的建筑物出现放线定位偏差，若要纠正则会造成重大经济损失，若其偏差不大，不影响使用要求，在外观上也无明

显影响，经分析论证后，可不做处理；又如，某些隐蔽部位的混凝土表面裂缝，经检查分析，属于表面养护不够的干缩微裂，不影响使用及外观，也可不做处理。

②有些质量问题，经过后续工序可以弥补的。例如，混凝土的轻微蜂窝麻面或墙面，可通过后续的抹灰、喷涂或刷白等工序弥补，可以不对该缺陷进行专门处理。

③经法定检测单位鉴定合格。例如，某检验批混凝土试块强度值不满足规范要求，强度不足，在法定检测单位对混凝土实体采用非破损检验等方法测定其实际强度已达规范允许和设计要求值时，可不做处理。对经检测未达要求值，但相差不多，经分析论证，其后期强度可以利用的，只要使用前经再次检测达到设计强度，也可不做处理，但应严格控制施工荷载。

④出现的质量问题经检测鉴定达不到设计要求，但经原设计单位核算，仍能满足结构安全和使用功能。例如，某一结构构件截面尺寸不足，或材料强度不足，影响结构不进行专门处理。这是因为一般情况下，规范标准给出了满足安全和功能的最低限度要求，而设计往往在此基础上留有一定余量，这种处理方式实际上是挖掘了设计潜力或降低了设计的安全系数。

6. 工程质量事故处理的鉴定验收

质量事故处理是否达到了预期目的，是否仍留有隐患，应通过检查鉴定和验收作出确认。

（1）检查验收。工程质量事故处理完成后，应严格按施工质量验收规范及有关标准的规定进行，通过实际测量，检查各种资料数据进行验收，并应办理交工验收文件，组织各有关单位会签。

（2）必要的鉴定。为确保工程质量事故的处理效果，凡涉及结构承载力等使用安全和其他重要性能的处理工作，常需做必要的试验和检验鉴定工作。或质量事故处理施工过程中建筑材料及构配件保证资料严重缺乏，或对检查验收结果各参与单位有争议时，常见的检验工作有：混凝土钻芯取样，用于检查密实性和裂缝修补效果，或检测实际强度；结构荷载试验，确定其实际承载力；超声波检测焊接或结构内部质量；池、罐、箱柜工程的渗漏检验等。检测鉴定必须委托政府批准的有资质的法定检测单位进行。

（3）验收结论。对所有质量事故，无论经过技术处理，通过检查鉴定验收还是不需专门处理的，均应有明确的书面结论。若对后续工程施工有特定要求，或对建筑物使用有一定限制条件，应在结论中提出。验收结论通常有以下几种：

1）事故已排除，可继续施工。

2）隐患已消除，结构安全有保证。

3）经修补、处理后，完全能够满足使用要求。

4）基本上满足使用要求，但使用时应有附加的限制条件，例如限制荷载等。

5）对耐久性的结论。

6）对建筑物外观影响的结论等。

7）对短期难以作出结论者，可提出进一步观测检验的意见。

## 五、工程项目质量管理体系及建立

1. 质量管理体系的结构

采用质量管理体系是组织的一项战略性决策。质量管理体系是指“在质量方面指挥和控制组织的管理体系”。它致力于建立质量方针和质量目标，并为实现质量方针和质量目标确定相关的过程、活动和资源。质量管理体系主要在质量方面能帮助组织，提供持续满足要求的产品，以满足顾客和其他相关方的需求。组织的质量目标与其他管理体系的目标如财务、环境、职业卫生与安全等目标应是相辅相成的。因此，质量管理体系的建立要注意与其他管理体系的整合，以方便组织的整体管理，其最终目的应使顾客和相关方都满意。

GB/T 19001—2008/ISO 9001：2008规定了质量管理体系要求，可供组织内部使用，也可用于认证或合同目的。GB/T 19001—2008所关注的是质量管理体系在满足顾客要求方面的有效性。GB/T 19001—2008/ISO 9001：2008标准的结构如图1-9所示。

以过程为基础的质量管理体系模式如图1-10所示。

2. 质量管理体系的文件构成

（1）建立形成文件的质量管理体系。企业是需要建立形成文件的质量管理体系，而不是只建立质量管理体系的文件。建立质量管理体系文件的价值是便于沟通意图、统一行动，有利于质量管理体系的实施、保持和改进。所以，编制质量管理体系文件不是目的，而是手段，是质量管理体系的一种资源。

编制和使用质量管理体系文件是一项具有动态管理要求的活动。因为质量管理体系的建立、健全要从编制完善的体系文件开始，质量管理体系的运行、审核与改进都是依据文件的规定进行，质量管理实施的结果也要形成文件，作为证实产品质量符合规定要求及质量管理体系有效的证据。

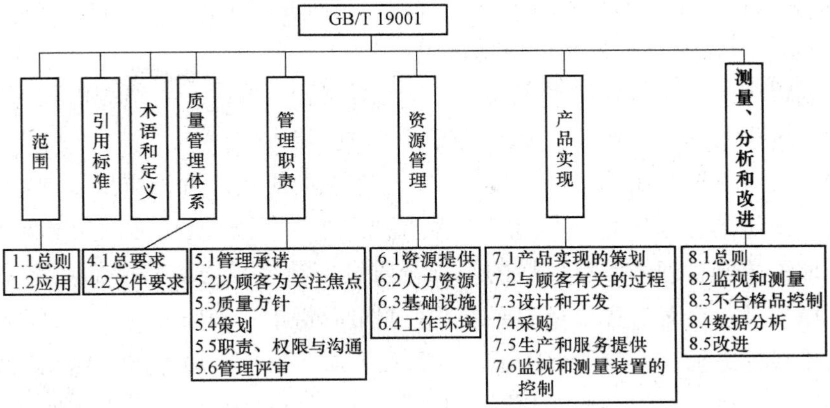


图 1-9　GB/T 19001—2008/ISO 9001：2008 标准总体构成图

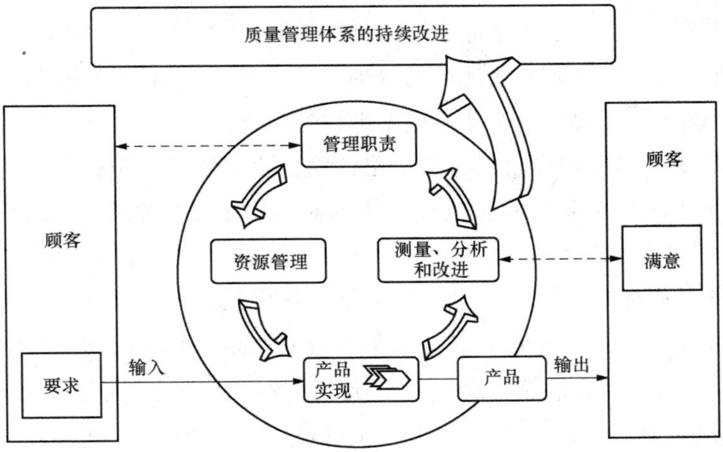


图 1-10　以过程为基础的质量管理体系模式

注：——→ 增值活动
- - -→ 信息流

（2）质量管理体系内容。GB/T 19000 规定，质量管理体系应包括以下内容：

1）形成文件的质量方针和质量目标。

2）质量手册。规定组织质量管理体系的文件，也是向组织内部和外部提供关于质量管理体系的信息文件。

3）质量管理标准所要求的各种生产、工作和管理的程序性文件（提供如何完成活动的信息文件，如质量计划——规定用于某一具体情况的质量管理体系要素和资源的文件，也是表述质量管理体系用于特定产品、项目或合同的文件）。

4）为确保其过程的有效策划、运行和控制所需的文件。

5）质量管理标准所要求的质量记录。

不同组织的质量管理体系文件的多少与详略程度取决于：组织的规模和活动的类型；过程及其相互作用的复杂程度；人员的能力。

（3）质量方针和质量目标。质量方针是组织的质量宗旨和质量方向，是实施和改进组织质量管理体系的推动力。质量方针提供了质量目标制定和评审的框架，是评价质量管理体系有效性的基础。质量方针一般均以简洁的文字来表述，应反映用户及社会对工程质量的要求及企业对质量水平和服务的承诺。

质量目标是指在质量方面所追求的目的。质量目标在质量方针给定的框架内制定并展开，也是组织各职能和层次上所追求并加以实现的主要工作任务。

（4）质量手册。质量手册是质量体系建立和实施中所用主要文件的典型形式。质量手册是阐明企业的质量政策、质量管理体系和质量实践的文件，它对质量体系作概括的表达，是质量体系文件中的主要文件。它是确定和达到工程产品质量要求所必需的全部职能和活动的管理文件，是企业的质量法规，也是实施和保持质量管理体系过程中应长期遵循的纲领性文件。

1）质量手册是企业质量工作的指南，使企业的质量工作有明确的方向。

2）质量手册是企业的质量法规，使企业的质量工作能从“人治”走向“法治”。

3）有了质量手册，企业质量体系审核和评价就有了依据。

4）有了质量手册，使投资者（需方）在招标和选择施工单位时，对施工企业的质量保证能力、质量控制水平有充分的了解，并提供了见证。

（5）程序文件。质量管理体系程序文件是质量手册的支持性文件，是企业各职能部门为落实质量手册要求而规定的细则。

GB/T 19000标准规定文件控制、记录控制、不合格品控制、内审、纠正措施和预防措施六项要求必须形成程序文件，但不是必须要六个，如果将文件和记录控制合为一个，将纠正和预防措施合为一个，此时虽然只有四个文件，但覆盖了标准的要求，也是可以的。

为确保过程的有效运行和控制，在程序文件的指导下，需按每个项目管理需要编制相关文件，如作业指导书、具体工程的质量计划等，因为每个项目是一个一次性的质量控制工作体系。

（6）质量记录。质量记录可提供产品、过程和体系符合要求及体系有效运行所需的客观证据的文件。根据各组织的类型、规模、产品、过程、顾客、法律和法规以及人员素质的不同，质量管理体系文件的数量、详尽程度和媒体种类也会有所不同。组织应制定形成文件的程序，以控制对质量记录的标识（可用颜色、编号等方式）、储存（如环境要适宜）、保护（包括保管的要求）、检索（包括对编目、归档和查阅的规定）、保存期限（应根据工程特点、法规要求及合同要求等决定保存期）和处置（包括最终如何销毁）。

质量记录应清晰、完整地反映质量活动实施、验证和评审的情况，并记载关键活动的过程参数，具有可追溯性的特点。

## 六、施工现场质量检查与控制

### 1. 施工现场质量检查内容与方法

（1）现场质量检查的内容。

1）开工前的检查，主要检查是否具备开工条件，开工后是否能够保持连续正常施工，能否保证工程质量。

2）工序交接检查，对于重要的工序或对工程质量有重大影响的工序，应严格执行“三检”制度，即自检、互检、专检。未经监理工程师（或建设单位技术负责人）检查认可，不得进行下道工序施工。

3）隐蔽工程的检查，施工中凡是隐蔽工程必须检查签认后方可进行隐蔽掩盖。

4）停工后复工的检查，因客观因素停工或处理质量事故等停工复工时，经检查认可后方能复工。

5）分项、分部工程完工后的检查，应经检查认可，并签署质量验收记录后，才能进行下一工程项目的施工。

6）成品保护的检查，检查成品有无保护措施以及保护措施是否有效、可靠。

（2）现场质量检查的方法。

1）目测法。即凭借感官进行检查，也称观感质量检验。其手段可概括为“看、摸、敲、照”四个字。

看：就是根据质量标准要求进行外观检查。例如：清水墙面是否洁净，喷涂的密实度和颜色是否良好、均匀，工人的操作是否正常，内墙抹灰的大面及口角是否平直，混凝土外观是否符合要求等。

摸：就是通过触摸手感进行检查、鉴别。例如：油漆的光滑度，浆活是否牢固、不掉粉等。

敲：就是运用敲击工具进行音感检查。例如：对地面工程、装饰工程中的水磨石、面砖、石材饰面等，均应进行敲击检查。

照：就是通过人工光源或反射光照射，检查难以看到或光线较暗的部位。例如：管道井、电梯井等内的管线、设备安装质量，装饰吊顶内连接及设备安装质量等。

2）实测法。就是通过实测数据与施工规范、质量标准的要求及允许偏差值进行对照，以此判断质量是否符合要求。其手段可概括为“靠、量、吊、套”四个字。

靠：就是用直尺、塞尺检查诸如墙面、地面、路面等的平整度。

量：就是指用测量工具和计量仪表等检查断面尺寸、轴线、标高、湿度、温度等的偏差。例如：大理石板拼缝尺寸与超差数量，摊铺沥青拌合料的温度，混凝土坍落度的检测等。

吊：就是利用托线板以及线锤吊线检查垂直度。例如，砌体垂直度检查、门窗的安装等。

套：是以方尺套方，辅以塞尺检查。例如：对阴阳角的方正、踢脚线的垂直度、预制构件的方正、门窗口及构件的对角线检查等。

3）试验法。是指通过必要的试验手段对质量进行判断的检查方法。主要包括以下内容。

①理化试验：工程中常用的理化试验包括物理力学性能方面的检验和化学成分及其含量的测定等两个方面。

a. 力学性能的检验。如各种力学指标的测定，包括抗拉强度、抗压强度、抗弯强度、抗折强度、冲击韧性、硬度、承载力等；各种物理性能方面的测定，如密度、含水量、凝结时间、安定性及抗渗、耐磨、耐热性能等。

b. 化学成分及其含量的测定。如钢筋中的磷、硫含量，混凝土中粗骨料中的活性氧化硅成分，以及耐酸、耐碱、抗腐蚀性等。此外，根据规定有时还需进行现场试验，例如，对桩或地基的静载试验、下水管道的通水试验、压力管道的耐压试验、防水层的蓄水或淋水试验等。

②无损检测：利用专门的仪器仪表从表面探测结构物、材料、设备的内部组织结构或损伤情况。常用的无损检测方法有超声波探伤、X射线探伤、γ射线探伤等。

2. 工程施工关键要素控制

影响建筑工程质量的因素主要有人、材料、机械、方法和环境五大方面，简称人、料、机、法、环。因此，对这五方面的因素严格予以控制是保证工程质量的关键。

（1）人的控制。人，是指直接参与工程建设的决策者、组织者、指挥者和操作者。人，作为控制的对象，避免产生失误；作为控制的动力，是充分调动人的积极性，发挥“人的因素第一”的主导作用。

为了避免人的失误，调动人的主观能动性，增强人的责任感和质量观，达到以工作质量保证工序质量、督促工程质量的目的，除了加强政治思想教育、纪律教育、职业道德教育、专业技术知识培训，健全岗位责任制，改善劳动条件，公平合理地激励外，还需根据工程项目的特点，从确保质量出发，本着适才适用、扬长避短的原则来控制人的使用。

1）施工现场对人员的控制。以项目经理的管理目标和职责为中心，合理组建项目管理机构，贯彻岗位责任制，配备合适的管理人员。

严格实行分包单位的资质审查，控制分包单位的整体素质，包括技术素质、管理素质、服务态度和社会信誉等。

坚持作业人员持证上岗，特别是重要技术工种、特殊工种、高空作业等，做到有资质者上岗。加强对现场管理和作业人员的质量意识教育及技术培训，开展作业质量保证的研讨交流活动等。严格现场管理制度和生产纪律，规范人的作业技术和管理活动的行为。加强激励和沟通活动，调动人的积极性。

为确保施工质量，监理工程师要对施工过程进行全过程的质量监督、检查和控制，就整个施工过程而言，按事前、事中、事后进行控制；就一个具体作业而言，仍涉及事前、事中、事后控制。

2）竣工验收时期对人员的控制。单位工程达到竣工验收条件后，施工单位应在自查、自评工作完成后，填写工程报验报告，并将全部竣工资料报送项目监理机构，申请竣工验收。

总监理工程师组织各专业监理工程师对竣工资料及各专业工程的质量进行全面检查，对检查出的问题，应督促施工单位及时整改。

经项目监理机构对竣工资料及实物全面检查、验收合格后，总监理工程师签署工程竣工报验报告，并向建设单位提出质量评估报告。

建设单位收到质量评估报告后，由建设单位（项目）负责人组织施工（含分包单位）、设计、监理等单位（项目）负责人进行单位（子单位）工程验收。单位工程由分包单位施工时，分包单位对所承包的工程项目应按规定程序检查评定，总包单位派人参加。分包工程完成后，应将工程有关资料交总包单位。

参加验收各方对工程质量验收意见不一致时，可请当地建设行政主管部门或工程质量监督机构协调处理。

单位工程质量验收合格后，建设单位应在规定时间内将工程验收报告和有关文件，报建设行政主管部门备案。

（2）材料的控制。原材料、半成品、设备是构成工程实体的基础，其质量是工程项目实体质量的组成部分。故加强原材料、半成品及设备的质量控制，不仅是提高工程质量的必要条件，也是实现工程项目投资目标和进度目标的前提。

1）材料质量控制要点。

①掌握材料信息，优选供货厂家。掌握材料质量、价格、供货能力的信息，选择好供货厂家，就可获得质量好、价格低的材料资源，从而确保工程质量，降低工程造价。材料订货、采购时，要求厂方提供质量保证文件，其质量要满足有关标准和设计的要求；交货期应满足施工及安装进度计划的要求。

质量保证文件的内容主要包括：供货总说明；产品合格证及技术说明书；质量检验证明；检测与试验单位的资质证明；不合格品或质量问题处理的说明及证明；有关图纸及技术资料等。

②合理组织材料供应，确保施工正常进行。合理地、科学地组织材料的采购、加工、储备、运输，建立严密的计划、调度体系，加快材料的周转，减少材料的占用量，按质、按量、如期地满足建设需要，乃是提高供应效益，确保正常施工的关键环节。

③合理组织材料使用，减少材料损失。正确按定额计量使用材料，加强运输、仓库、保管工作，加强材料限额管理和发放工作，健全现场材料管理制度，避免材料损失、变质，乃是确保材料质量、节约材料的重要措施。

④加强材料检查验收，严把材料质量关。

a. 对用于工程的主要材料，进场时必须具备正式的出厂合格证的材质化验单，如不具备或对检验证明有怀疑时，应补做检验。

b. 工程中所有各种构件，必须具有厂家批号和出厂合格证。钢筋混凝土和预应力混凝土构件，均应按规定的方法进行抽样检验。由于运输、安装等原因出现的构件质量问题，应分析研究，经处理鉴定后方能使用。

c. 凡标志不清或认为质量有问题的材料；对质量保证资料有怀疑或与合同规定不符的一般材料；由工程重要程度决定，应进行一定比例试验的材料；需要进行追踪检验，以控制和保证其质量的材料等，均应进行抽检。对于进口的材料设备和重要工程或关键施工部位所用的材料，则应进行全部检验。

d. 材料质量抽样和检验的方法应符合相关建筑材料的标准和规定，要能反映该批材料的质量性能。对于重要构件或非匀质的材料，还应酌情增加采样的数量。

e. 在现场配制的材料，如混凝土、砂浆、防水材料、防腐材料、绝缘材料、保温材料等的配合比，应先提出试配要求，经试配检验合格后才能使用。

f. 对进口材料、设备应会同商检局检验，若核对凭证中发现问题，应取得供方和商检人员签署的商务记录，按期提出索赔。

g. 高压电缆、电压绝缘材料，要进行耐压试验。

⑤重视材料使用认证，防止错用或使用不合格材料。

a. 材料性能、质量标准、适用范围和对施工要求必须充分了解，以便慎重选择和使用材料。

b. 主要装饰材料及建筑配件，应在定货前要求厂家提供样品或看样订货；主要设备订货时，要审核设备清单是否符合设计要求。

c. 凡是用于重要结构、部位的材料，使用时必须仔细核对、认证其材料的品种、规格、型号、性能有无错误，是否适合工程特点和满足设计要求。

d. 新材料应用，必须通过试验和鉴定；代用材料必须通过计算和充分的论证，并要符合结构构造的要求。

e. 材料认证不合格时，不许用于工程中；某些不合格的材料，如过期、受潮的水泥是否降级使用，也需结合工程的特点予以论证，但决不允许用于重要的工程或部位。

⑥现场材料的管理要求。

a. 入库材料要分型号、品种，分区堆放，予以标识，分别编号。

b. 有保质期的材料要定期检查，防止过期，并做好标识。

c. 有防湿、防潮要求的材料，要有防湿、防潮措施，并要有标识。

d. 易燃易爆的物资，要专门存放，由专人负责，并有严格的消防保护措施。

e. 易损坏的材料、设备，要保护好外包装，防止损坏。

2）材料质量控制的内容。材料的质量标准是衡量材料质量的尺度，也是材料验收、检验的依据。掌握材料的质量标准，才能够可靠地控制材料和工程质量。材料的质量标准参见相关国家标准。

①材料质量的检验方法。

a. 书面检验。对提供的材料质量保证资料、试验报告等进行审核，取得认可方能使用。

b. 外观检验。对材料品种、规格、标志、外形尺寸等进行直观检查，看其有无质量问题。

c. 理化检验。借助试验设备和仪器，对材料样品的化学成分、机械性能等进行科学鉴定。

d. 无损检验。在不破坏材料样品的前提下，利用超声波、X射线、表面探伤仪等进行检测。

②材料质量检验程度。根据材料信息和保证资料的具体情况，其质量检验程度分免检、抽检和全部检查三种。

a. 免检。就是免去质量检验过程。对有足够质量保证的一般材料，以及实践证明质量长期稳定且质量保证资料齐全的材料，可予免检。

b. 抽检。就是按随机抽样的方法对材料进行抽样检验。当对材料的性能不清楚，或对质量保证资料有怀疑，或构配件成批生产时，均应按一定比例进行抽样检验。

c. 全检验。凡对进口的材料、设备和重要工程部位的材料，以及贵重的材料，应进行全部检验，以确保材料和工程质量。

③材料质量检验项目。材料质量的检验项目分为以下种类：

a. 一般试验项目。通常进行的试验项目；

b. 其他试验项目。根据需要进行的试验项目。

如水泥，一般要进行标准稠度、凝结时间、抗压和抗折强度检验；若是小窑水泥，往往由于安定性不良好，则应进行安定性检验。

④材料质量检验的取样。材料质量检验的取样必须有代表性，即所采取样品的质量应能代表该批材料的质量。在采取试样时，必须按规定的部位、数量及采选的操作要求进行。

⑤材料的选择和使用要求。材料的选择和使用不当，均会严重影响工程质量或造成质量事故。必须针对工程特点，根据材料的性能、质量标准、适用范围和对施工要求等方面进行综合考虑，慎重地来选择和使用材料。

（3）施工方法的控制。这里所指的施工方法控制，包括所采取的技术方案、工艺流程、组织措施、检测手段、施工组织设计等的控制。尤其是施工方案正确与否，是直接影响工程项目的进度控制、质量控制、成本控制等目标是否顺利实现的关键。所以，必须结合工程实际，从技术、组织管理、工艺、操作、经济等方面进行全面分析，综合考虑，力求方案技术可行、经济合理、工艺先进、措施得力、操作方便，有利于提高质量、加快进度、降低成本。

1）施工阶段方法控制。施工方法是实现工程施工的重要手段，无论施工方案的制订、工艺的设计、施工组织设计的编制，还是施工顺序的开展和操作要求等，都必须以确保质量为目的。由于建筑工程目标产品的多样性和单件性的生产特点，使施工方案或生产方案具有很强的个性；另外，由于这类建筑工程的施工又是按照一定的施工规律循序展开，因此，通常需将工程分解成不同的部位和施工过程，分别拟订相应的施工方案来组织施工，这又使得施工方案具有技术和组织方法的共性。通过这种个性和共性的合理统一，形成特定的施工方案，是经济、安全、有效地进行工程施工的重要保证。

2）施工方案的正确与否，是直接影响工程项目的进度控制、质量控制、投资控制三大目标能否顺利实现的关键。往往由于施工方案考虑不周而拖延进度，影响质量，增加投资。为此，在制订和审核施工方案时，必须结合工程实际，从技术、组织、管理、工艺、操作、经济等方面进行全面分析、综合考虑，力求方案技术可行、经济合理、工艺先进、措施得力、操作方便，有利于提高质量、加快进度、降低成本。对施工方案的控制，重点抓好以下几个方面：

①施工方案应随工程施工进展而不断细化和深化。选择施工方案时，应拟定几个可行的方案，突出主要矛盾，对比主要优缺点，以便从中选出最佳方案。

②对主要项目、关键部位和难度较大的项目，如新结构、新材料、新工艺、大跨度、大悬挂、高大的结构部位等，制订方案时要充分估计到可能发生的施工质量问题和处理方法。

（4）机械设备的控制。建筑机具、设备种类繁多，要依据不同的工艺特点和技术要求，选用合适的机具设备；要正确使用、管理和保养好机具设备。为此，要健全操作证制度、岗位责任制度、交接制度、技术保养制度、安全使用制度、机具设备检查制度等，确保机具设备处于最佳状态。

1）施工机具设备的选择。施工机具设备的选择应根据工程项目的建筑结构形式、施工工艺和方法、现场施工条件、施工进度计划的要求等进行综合分析做出决定。从施工需要和保证质量的要求出发，正确确定相应类型的性能参数，选定经济合理、使用和维护保养方便的机种。

2）施工机具设备配置的优化。施工机具设备的选择，除应考虑技术先进、经济合理、生产适用、性能可靠、使用安全方便的原则外，维修难易、能源消耗、工作效率、使用灵活也是重要的约束条件。如何从综合的使用效率来全面考虑各种类型的机械设备才能形成最有效的配套生产能力，通常应结合具体工程的情况，根据施工经验和有关的定性、定量分析方法，做出优化配置的选择方案。

3）施工机具设备的动态管理。要根据工程实施的进度计划，确定各类机械设备的进场时间和退场时间。因此，首先要通过计划的安排，抓好进出场时间的控制，避免盲目调度，造成机械设备在现场的空置，降低利用率，增加施工成本。其次是要加强施工过程各类机械设备利用率和使用效率的分析，及时通过合理安排和调度，使利用率和使用效率偏低的机械设备的使用状态得到调整和改善。

4）施工机具设备的使用操作。在施工过程中，应定期对施工机械设备进行校正，以免误导操作。选择机械设备必须有与之相配套的技术操作工人。合理使用机械设备，正确地进行操作是保证施工质量的重要环节。应贯彻“人机固定”的原则，实行定机、定人、定岗位责任的制度。

5）施工机具设备的管理。承包单位制定出合理的机械化施工操作方案，综合考虑施工现场条件、建筑结构形式、机械设备性能、施工工艺和方法、施工组织与管理、建筑技术经济等各种因素，使之合理装备、配套使用、有机联系，以充分发挥建筑机械的效能，力求获得较好的综合经济效益。

机械设备进场前，承包单位应向项目监理机构报送设备进场清单，列出进场机械设备的型号、规格、数量、技术参数、设备状况、进场时间等。

机械设备进场后，根据承包单位报送的设备进场清单，项目监理机构进行现场核对，检查与施工组织设计是否相符。承包单位和项目监理机构应定期与不定期检查机械设备使用、保养记录，检查其工作状况，以保证机械设备的性能处于良好的作业状态。同时对承包单位机械设备操作人员的技术水平资质进行控制，尤其是从事施工测量、试验与检验的操作人员。

（5）环境的控制。影响工程质量的环境因素包括三个方面。

1）劳动作业环境。如劳动组合、劳动工具、工作面等，往往前一工序就是后一工序的环境。

施工现场劳动作业环境，大至整个建设场地施工期间的使用规范安排，要科学、合理地做好施工总平面布置图的设计，使整个建设工地的施工临时道路、给水排水及供热供气管道、供电通信线路、施工机械设备和装置、建筑材料制品的堆场和仓库、现场办公及生活或休息设施等的布置有条不紊，安全、通畅、整洁、文明，消除有害影响和相互干扰，物得其所，作用简单，经济合理；小至每一施工作业场所材料器具堆放状况，通风照明及有害气体、粉尘的防备措施条例的落实等。这些条件是否良好，直接影响施工能否顺利进行以及施工质量好坏。

2）工程管理环境。如质量保证体系、质量管理制度等。管理环境控制，主要是根据承发包的合同结构，理顺各参建施工单位之间的管理关系，建立现场施工组织系统和质量管理的综合运行机制。确保施工程序的安排以及施工质量形成过程能够起到相互促进、相互制约、协调运转的作用。使质量管理体系和质量控制自检体系处于良好的状态，系统的组织机构、管理制度、检测制度、检测标准、人员配备各方面完善明确，质量责任制得到落实。此外，在管理环境的创设方面，还应注意与现场近邻的单位、居民及有关方面的协调、沟通，做好公共关系，以使他们对施工造成的干扰和不便给予必要的谅解和支持配合。

3）工程自然环境。如水文、气象、温度、湿度等。自然环境的控制，主要是掌握施工现场水文、地质和气象资料等信息，以便在制定施工方案、施工计划和措施时，能够从自然环境的特点和规律出发，事先做好充分的准备和采取有效措施与对策，防止可能出现的对施工作业质量不利的影响。如建立地基和基础施工对策，防止地下水、地面水对施工的影响，保证周围建筑物及地下管线的安全；从实际条件出发，做好冬、雨期施工项目的安排和防范措施；加强环境保护和建设公害的治理等。

应当根据建筑工程特点和具体情况，对影响质量的环境因素，采取有效措施严加控制。尤其建筑施工现场，应建立文明施工环境，保持工件、材料堆放有序，道路畅通，工作场所清洁整齐，施工程序井井有条；建立健全质量管理措施，避免和减少管理缺陷，为确保质量和安全创造良好的条件。

3. 施工工序质量控制

（1）工序质量控制要求。

1）各施工工序应按施工技术标准进行质量控制，每道施工工序完成后，经施工单位自检符合规定后，才能进行下道工序施工。各专业工种之间的相关工序应进行交接检验，并应记录。

为保障工程整体质量，应控制每道工序的质量。目前各专业的施工技术规范正在编制，并陆续实施，施工单位可按照执行。考虑到企业标准的控制指标应严格于行业和国家标准指标，鼓励有能力的施工单位编制企业标准，并按照企业标准的要求控制每道工序的施工质量。施工单位完成每道工序后，除了自检、专职质量检查员检查外，还应进行工序交接检查，上道工序应满足下道工序的施工条件和要求；同样相关专业工序之间也应进行交接检验，使各工序之间和各相关专业工程之间形成有机的整体。

2）对于监理单位提出检查要求的重要工序，应经监理工程师检查认可，才能进行下道工序施工。

工序是建筑工程施工的基本组成部分，一个检验批可能由一道或多道工序组成。根据目前的验收要求，监理单位对工程质量控制到检验批，对工序的质量一般由施工单位通过自检予以控制，但为保证工程质量，对监理单位有要求的重要工序，应经监理工程师检查认可，才能进行下道工序施工。

（2）工序质量控制点的设置原则。

1）重要的和关键性的施工环节和部位。

2）质量不稳定、施工质量没有把握的施工工序和环节。

3）施工技术难度大的、施工条件困难的部位或环节。

4）质量标准或质量精度要求高的施工内容和项目。

5）对后续施工或后续工序质量或安全有重要影响的施工工序或部位。

6）采用新技术、新工艺、新材料施工的部位或环节。

（3）工序质量控制点的管理。

1）质量控制措施的设计。选择了控制点，就要针对每个控制点进行控制措施设计。主要步骤和内容如下：

①列出质量控制点明细表。

②设计控制点施工流程图。

③进行工序分析，找出主导因素。

④制订工序质量控制表，对各影响质量特性的主导因素规定出明确的控制范围和控制要求。

⑤编制保证质量的作业指导书。

⑥编制计量网络图，明确标出各控制因素采用什么计量仪器、编号、精度等，以便进行精确计量。

⑦质量控制点审核。可由设计者的上一级领导进行审核。

2）质量控制点的实施。

①交底。将控制点的“控制措施设计”向操作班组进行认真交底，必须使工人真正了解操作要点。

②质量控制人员在现场进行重点指导、检查、验收。

③工人按作业指导书认真进行操作，保证每个环节的操作质量。

④按规定做好检查并认真做好记录，取得第一手数据。

⑤运用数据统计方法，不断进行分析与改进，直至质量控制点验收合格。

⑥质量控制点实施中应明确工人、质量控制人员的职责。

4. 工程质量预控

工程质量预控就是针对所设置的质量控制点或分项、分部工程，事先分析在施工中可能发生的质量问题和隐患，分析可能的原因，提出相应的预防措施和对策，实现对工程质量的主动控制。

质量预控的表达形式有用文字表达、用表格形式表达、用解析图形式表达等。

(1) 文字表达。以钢筋电焊焊接质量的预控为例。

1) 可能产生的质量问题：①焊接接头偏心弯折；②焊条型号或规格不符合要求；③焊缝的长、宽、厚度不符合要求；④凹陷、焊瘤、裂纹、烧伤、咬边、气孔、夹渣等缺陷。

2) 质量预控措施：①检查焊接人员有无上岗合格证明，禁止无证上岗；②焊工正式施焊前，必须按规定进行焊接工艺试验；③每批钢筋焊完后，施工单位自检并按规定取样进行力学性能试验，然后专业监理人员抽查焊接质量，必要时需抽样复查其力学性能；④在检查焊接质量时，应同时抽检焊条的型号。

(2) 用表格形式表达。以混凝土灌注桩质量预控为例。

用简表形式分析其在施工中可能发生的主要质量问题和隐患，并针对各种可能发生的质量问题，提出相应的预控措施，见表 1-8。

**表 1-8　　混凝土灌注桩质量预控表**

| 可能发生的质量问题 | 质量预控措施 |
|---|---|
| 孔斜 | 督促施工单位在钻孔前对钻机认真整平 |
| 混凝土强度达不到要求 | 随时抽查原料质量；试配混凝土配合比，经监理工程师审批确认；评定混凝土强度；按月向监理报送评定结果 |
| 缩颈、堵管 | 督促施工单位每桩测定混凝土坍落度 2 次，每 30～50cm 测定一次混凝土浇筑高度，随时处理 |
| 断桩 | 准备足够数量的混凝土供应机械（拌合机等），保证连续不断地浇筑桩体 |
| 钢筋笼上浮 | 掌握泥浆密度和灌注速度，灌注前做好钢筋笼固定 |

(3) 用解析图形式表达。以混凝土工程质量预控及对策为例，如图 1-11、图 1-12 所示。

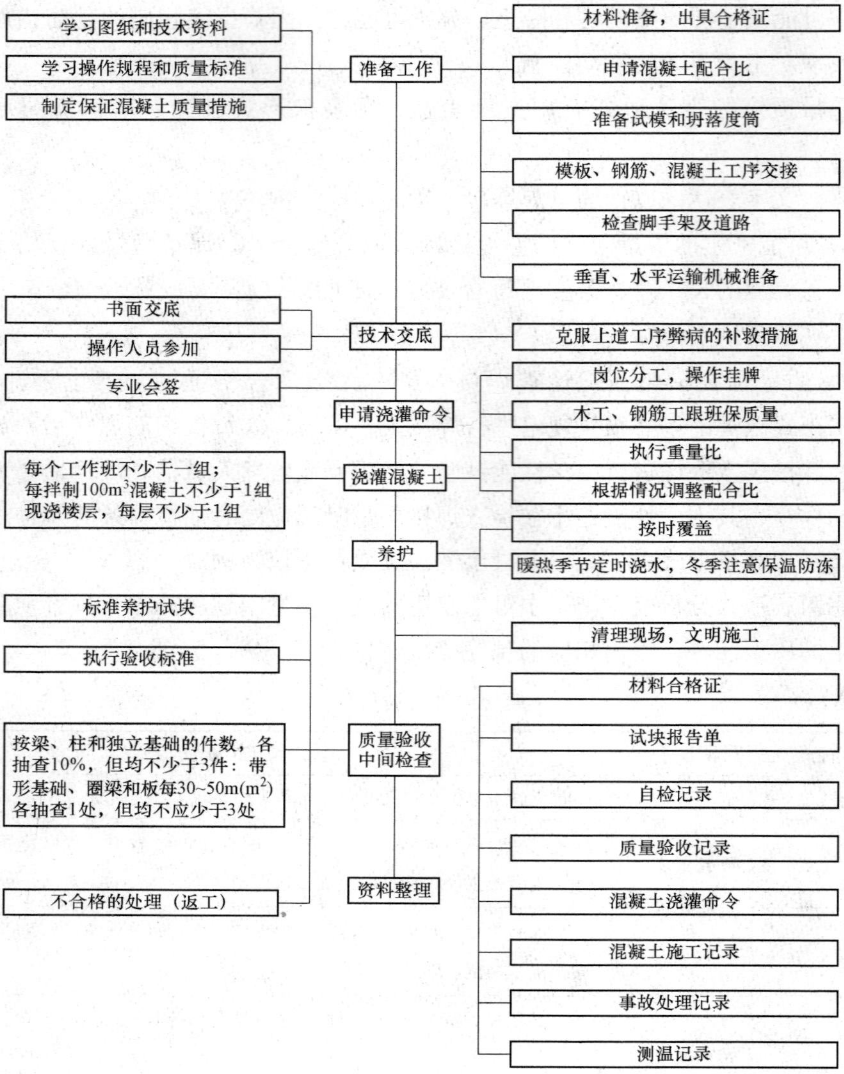


图 1 - 11　混凝土工程质量预控图

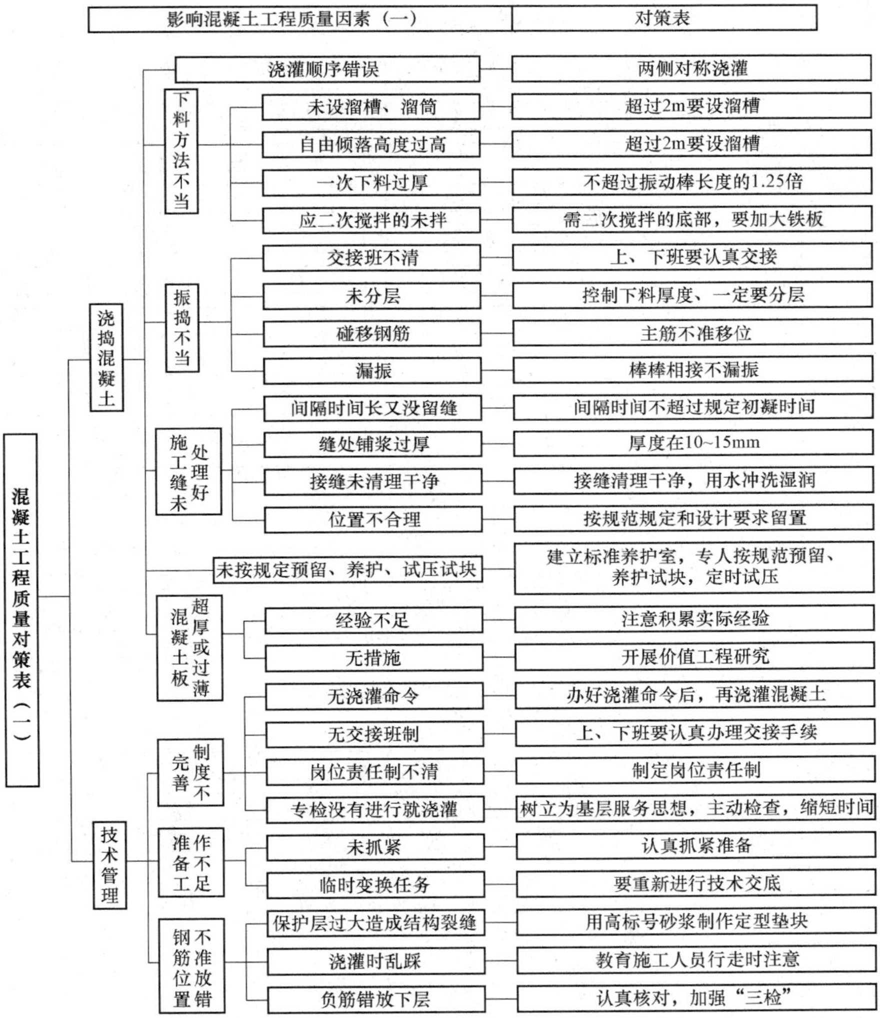


图 1-12　混凝土工程质量对策图（一）

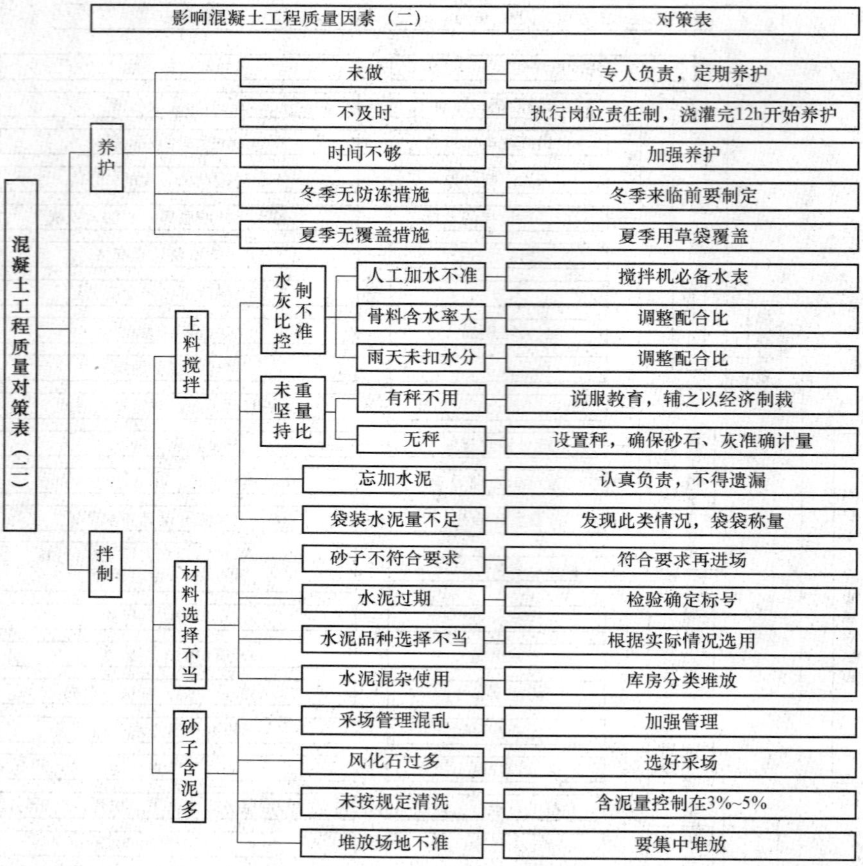


图1-12　混凝土工程质量对策图（二）

# 第二章

# 土方与基坑工程施工质量检查控制要点

## 一、土方开挖工程

1. 施工作业条件检查

(1) 基槽（坑）开挖的测量放线工作已完成，并经验收符合设计要求。

(2) 开挖现场的地表水已排除。

(3) 检查定位放线、排水和降低地下水位系统是否符合施工规范要求。

(4) 根据设计要求，检查现场障碍物清除情况是否满足要求。

(5) 检查平面位置、水平标高和边坡坡度、压实度是否符合设计要求。

2. 过程质量控制与检查要点

(1) 开挖基坑（槽）周围应设排水沟或挡水堤，防止地面水流入基坑（槽）内；挖土放坡时，坡顶和坡脚至排水沟均应保持一定距离，一般为 0.5～1.0m。

(2) 施工中保持连续降水，直至基坑（槽）回填完毕。

(3) 基坑挖好后，立即浇筑混凝土垫层保护地基。不能立即进行下道工序施工时，应预留一层 150～200mm 厚土层不挖，待下道工序开始再挖至设计标高。

(4) 机械开挖应由深而浅，基底应预留一层 200～300mm 厚土层，用人工清理找平，以避免超挖和基底土遭受扰动。

(5) 基坑四周应做好排水降水措施，降水工作应持续到基坑回填土完毕。

(6) 土方开挖后，应检查边坡的稳定性，做好边坡防护。

3. 季节性施工质量检查

(1) 雨期施工时，基坑应挖好一段浇筑一段垫层，并在坑周围筑土堤或挖排水沟，以防地面雨水流入基坑（槽），浸泡地基。随时检查边坡和支护稳定情况。

(2) 冬期施工时，如基坑不能立即浇筑垫层，应在表面进行适当覆盖保温，防止受冻。

4. 成品保护

（1）对测量控制定位桩、水准点应注意保护。挖土、运土机械行驶时，不得碰撞，并应定期复测检查其是否移位、下沉；平面位置、标高和边坡坡度是否符合设计要求。

（2）基槽（坑）开挖设置的支撑或支护结构，在施工的全过程均应做好保护，不得随意损坏或拆除。

（3）基槽（坑）、管沟的直立壁或边坡，在开挖后要防止扰动或被雨水冲刷，造成失稳。

（4）基槽（坑）、管沟开挖后，如不能很快地浇筑垫层或安装管道，应采取保护措施，防止扰动或破坏基土。

（5）在斜坡地段用机械挖土时，应遵循由上而下、分层开挖的顺序，以避免破坏坡脚，引起滑坡。在软土或粉细砂地层开挖基槽（坑）和管沟时，应采用轻型或喷射井点降低地下水位至开挖基坑底以下0.5～1.0m，以防止土体滑动或出现流砂现象。

5. 质量常见问题及防治

（1）在建筑场地平整过程中或平整完成后，场地范围内高洼不平，局部或大面积出现积水。

防治措施：已积水场地应立即疏通排水和采用截水设施，将水排除。场地未做排水坡度或坡度过小部位，应重新修坡；对局部低洼处，填土找平，碾压（夯）实至符合要求，避免再次积水。

（2）边坡面界面不平，出现较大凹陷，造成积水，使边坡坡度加大，影响边坡稳定。

防治措施：

1）如超挖范围较大，在征得设计同意后，可适当改动坡顶线。

2）如局部超挖，可用浆砌块石填砌或用3∶7灰土夯补。与原土坡接触部位应做成台阶接槎，防止滑动。

（3）基坑（槽）开挖后，地基土被水浸泡，造成地基松软，承载力降低，地基下沉。

防治措施：

1）已被水淹泡的基坑（槽），应立即检查排、降水设施，疏通排水沟，并采取措施将水引走、排净。

2）对已设置截水沟而仍有小股水冲刷边坡和坡脚时，可将边坡挖成阶梯形，或用编织袋装土护坡（图 2 - 1）将水排除，使坡脚保持稳定。

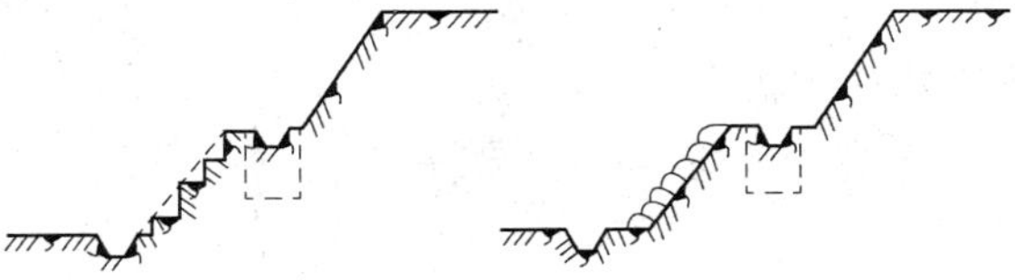

(a)　　(b)

图 2 - 1　潜水（土）层挖基坑

（a）挖成阶梯形；（b）编织袋装土叠砌支护

3）已被水浸泡扰动的土，可根据具体情况，采取排水晾晒后夯实，或抛填碎石、小块石夯实，换土（3∶7 灰土）夯实，或挖去淤泥加深基础等措施处理。

（4）土方开挖后出现渗水或漏水，对基坑施工带来不便，如渗漏严重，会造成土颗粒流失，引起墙背地面沉陷，甚至支护墙坍塌。

防治措施：对渗水量较小情况，可在坑底设沟排水；对渗水量较大但没有泥砂带出情况，可采用引流修补方法；对渗、漏量很大的情况，可在围护墙背面开挖至漏水位置下 0.5～1.0m，在围护墙后用密实混凝土进行封堵，或在墙后采用压密注浆或高压喷射注浆方法处理。

## 二、土方回填工程

1. 施工作业条件检查

（1）已清除基底上的草皮、杂物、树根和淤泥，已排除积水，并在四周设排水沟或截洪沟。

（2）地面以下的基础、构筑物、防水层、保护层、管道均已施工完毕，并经质量检查验收、签证认可。混凝土或砌筑砂浆已达到规定的强度。

（3）已做好水平高程的测设，基槽（坑）或管沟、边坡上每隔 3m 打入一根水平木桩，室内和散水的边墙上做好水平标记。

2. 进场材料检验及复检

回填土料中不得含有淤泥、垃圾，并且土料的最大粒径不大于 50mm。

3. 过程质量控制与检查要点

（1）采取严格分层回填、夯实。每层虚铺土厚度不得大于 300mm。土料和含水量应符合规定。回填土的密实度要按规定抽样检查，使符合要求。

（2）填土土料中不得含有大于50mm直径的土块，不应有较多的干土块，亟需进行下道工序时，宜用2∶8或3∶7灰土回填夯实。

（3）严禁用水沉法回填土方。

（4）回填土前，应对房心原自然软弱土层进行认真处理，将有机杂质清理干净。

（5）房心回填土深度较大（＞1.5m）时，在建筑物外墙基回填土时需采取防渗措施，或在建筑物外墙基外采取加抹一道水泥砂浆或刷一层沥青胶等防水措施，以防水大量渗入房心填土部位，引起下沉。

（6）基础应在现浇混凝土达到一定强度，不致因填土而受损伤时，方可回填。基础两侧用细土同时分层回填夯实，使受力平衡。两侧填土高差控制不超过300mm。

4. 成品保护

（1）回填时，应注意保护定位标准桩、轴线桩、标准高程桩，防止碰撞损坏或下沉。

（2）基础或管沟的混凝土，砂浆应达到一定强度，不致因填土而受到损坏时，方可进行回填。

（3）基槽（坑）回填应分层对称进行，防止一侧回填造成两侧压力不平衡，使基础变形或倾倒。

（4）已完填土应将表面压实，做成一定坡向或做好排水设施，防止地面雨水流入基槽（坑）浸泡地基。

5. 质量常见问题及防治

（1）填土受夯打（碾压）后，基土发生颤动，受夯击（碾压）处下陷，四周鼓起，形成软塑状态，而体积并没有压缩，人踩上去有一种颤动的感觉。在人工填土地基内，成片出现这种橡皮土（又称弹簧土），将使地基的承载力降低，变形加大，地基长时间不能得到稳定。

防治措施：

1）采用土、石灰粉、碎砖等吸水材料均匀掺入橡皮土中，吸收土中水分，降低土的含水量。

2）将橡皮土翻松、晾晒、风干至最优含水量范围，再夯（压）实。

3）将橡皮土挖除，采取换土回填夯（压）实，或填以3∶7灰土、级配砂石夯（压）实。

（2）回填土经碾压或夯实后，达不到设计要求的密实度，将使填土场地、地基在荷载下变形量增大，承载力和稳定性降低，或导致不均匀下沉。

防治措施：

1）土料不合要求时应挖出，换土回填或掺入石灰、碎石等压（夯）实加固。

2）对由于含水量过大，达不到密实度要求的土层，可翻松、晾晒、风干或均匀掺入干土及其他吸水材料，重新压（夯）实。

3）当含水量较小时，应预先洒水润湿。当碾压机具能量过小时，可采取增加压实遍数，或使用大功率压实机械碾压等措施。

(3) 基坑（槽）填土局部或大片出现沉陷，造成靠墙地面、室外散水空鼓下陷，建筑物基础积水，有的甚至引起建筑结构不均匀下沉，出现裂缝。

防治措施：

1）基坑（槽）回填土沉陷造成墙脚散水空鼓，如混凝土面层尚未破坏，可填入碎石，侧向挤压捣实；若面层已经裂缝破坏，则应视面积大小或损坏情况，采取局部或全部返工。局部处理可用锤、凿将空鼓部位打去，填灰土或黏土、碎石混合物夯实，再做面层。

2）因回填土沉陷引起结构物下沉时，应会同设计部门针对情况采取加固措施。

## 三、排桩墙支护工程

1. 施工作业条件检查

(1) 现场已平整，泥浆排放地点已指定。

(2) 现场已具备满足施工要求的测量控制点。

2. 进场材料检验及复检

质量员在施工前应注意材料在运输及存储过程中是否发生影响施工质量的变化，对于易变质材料，还要注意是否在有效期内。

(1) 水泥在有效期内，并无结块现象。

(2) 钢板桩。若钢板桩有严重锈蚀，应测量其实际断面厚度，以便决定在计算时是否需要折减。

3. 过程质量控制与检查要点

(1) 排桩墙支护工程的一般的质量检查控制要点。

1）检查桩位偏差，轴线和垂直轴线方向均不宜超过 50mm，垂直度偏差不宜大于 0.5%。

2）基坑挖土应随挖随运，不得堆在坑旁，以免增加支护桩的水平压力。

3）钻孔灌注桩桩底沉渣不宜超过200mm。

4）排桩宜采取隔桩施工，并应在灌注混凝土24h后进行临桩成孔施工。

5）非均匀配筋排桩的钢筋笼在绑扎、吊装和埋设时，应保证钢筋笼的安放方向与设计方向一致。

（2）钢筋混凝土灌注桩排桩墙。

1）冠梁施工。

冠梁施工前，应将支护桩桩顶的浮浆凿除清理干净，桩顶以上露出的钢筋长度应达到设计要求。

破桩。桩施工时应按设计要求控制桩顶标高。待桩施工完成并达到要求的强度后，按设计要求位置破桩。破桩后，桩中主筋长度应满足设计锚固要求。

2）锚杆施工。锚拉桩的锚杆一般应与土方开挖配合施工。

（3）钢板桩。

1）围檩的位置不能与钢板桩相碰。围檩桩不能随着钢板桩的打设而下沉或变形。围檩梁的高度要适宜，要有利于控制钢板桩的施工高度和提高工效，要用经纬仪和水平仪控制围檩梁的位置和标高。

2）钢板桩打设允许误差。桩顶标高偏差±100mm；板桩轴线偏差±100mm；板桩垂直度1%。

3）为防止锁口中心线平面位移，可在打桩进行方向的钢板桩锁口处设卡板，阻止板桩位移。同时在围檩上预先算出每块板块的位置，以便随时检查校正。

4. 成品保护

（1）排桩墙在施工过程中应注意保护周围道路、建筑物和地下管线的安全。

（2）基坑、地下工程在施工过程中，不得碰撞和拆除排桩墙墙体及其支撑或拉锚体系。

5. 质量常见问题及防治

（1）基坑挖土过半时，发现钢板桩渗漏，主要在接缝处和转角处，有的地方还涌砂。

防治措施：采用水玻璃水泥浆以阀管双液灌浆系统施工堵漏。

（2）阻力过大，不易贯入。原因主要有两方面：一是在坚实的砂层、砂砾层中沉桩，桩的阻力过大；二是钢板桩连接锁口锈蚀、变形，入土阻力大。

防治措施：针对第一种情况，可伴以高压冲水或改以振动法沉桩，不要用锤硬打；针对第二种情况，宜加以除锈、矫正，在锁口内涂油脂，以减少阻力。

(3) 钢板桩拔出会形成孔隙，或拔不出。

防治措施：

1) 板桩拔出会形成孔隙，必须及时填充，否则会造成邻近建筑和设施的位移及地面沉降。宜用膨润土浆液填充，也可跟踪注入水泥浆。

2) 如钢板桩拔不出，可采取下述措施。

①用振动锤等再复打一次，以克服与土的黏着力及咬口间的铁锈等产生的阻力。

②按与板桩打设顺序相反的次序拔桩。

③板桩承受土压一侧的土较密实，在其附近并列打入另一根板桩，可使原来的板桩顺利拔出。

④在板桩两侧开槽，放入膨润土浆液（或黏土浆），拔桩时可减少阻力。

## 四、钢或混凝土支撑系统工程

1. 施工作业条件检查

(1) 围护墙已按设计要求施工完毕（围护墙如为混凝土灌注桩或地下连续墙时，已达到设计强度）。

(2) 需降低地下水位时，已按要求将地下水位降低至基坑底以下500～1000mm。

(3) 支撑系统所用材料和机具已按计划进场，满足施工需要。

2. 进场材料检验及复检

钢支撑常用材料有型钢（包括钢管）、钢板、焊条等；混凝土支撑常用材料有水泥、砂、石、钢筋、钢板、焊条、模板及支撑系统等材料。钢材的品种、规格必须符合设计要求，水泥、砂、石经检验符合国家相应标准的要求。

3. 过程质量控制与检查要点

(1) 钢支撑。

1) 立柱位置如无工程桩时，应增加立柱桩，立柱桩应准确定位。

2) 围护墙桩达到70%的设计强度后，方可设置冠梁，冠梁的混凝土强度等级宜不小于C30。

3) 冠梁的混凝土强度达到设计强度的70%时方可安装钢支撑，钢支撑端头与冠梁必须顶紧。

4) 检查钢支撑受力构件、连系构件的长细比是否符合设计要求，检查安装节点是否符合施工规范要求。

5）基槽施工时应回填夯实后才能拔出钢板桩。

（2）钢筋混凝土支撑。

1）第一层混凝土支撑与冠梁整体浇筑，在模板支设时应保证冠梁和支撑在同一水平面上，并保证每道支撑的平直。

2）第二层及以下各层支撑均与腰梁整体浇筑，腰梁与围护墙的接触处，在浇筑混凝土前应将泥土和松散的混凝土清理干净，保证腰梁混凝土与围护墙紧密接触。

3）加深地下连续墙的嵌固深度，可以深入到细砂层，避免基坑结构滑移、破坏。

4）避免整体滑移，保证钢筋混凝土支撑不被破坏。

5）拆除钢筋混凝土支撑时，应先做好牢靠支撑。

4．成品保护

（1）支撑安装、拆除时，应尽量利用已安装的塔吊起吊。如另用吊车进行安装或拆除时，立吊车位置的支护结构应进行核算，以免引起局部超载，使支护结构遭到破坏。

（2）在安装支撑系统过程中，防止安装下层支撑而碰撞上层支撑。

（3）土方开挖应选择合适的挖土机械，在基坑上开挖采用抓斗施工时，抓斗起落应防止碰撞支撑系统；采用小型挖掘机下坑内挖土，应设置坡道，自一端开始挖土，支撑系统下部土方应采用人工掏挖；土方运输采用小型自卸汽车或机动翻斗车，以免碰撞支撑系统。

（4）挖土过程中，支撑立柱周围附近土方应用人工挖掘，防止机械挖掘碰坏立柱。

## 五、锚杆及土钉墙支护工程

1．施工作业条件检查

（1）场地已平整，已清除施工区域内的建（构）筑物和工程部位地面以下3m内的障碍物，施工区域内已设置临时设施，修建施工便道及排水沟。

（2）已进行施工放线，锚杆孔位置、倾角已确定。

2．进场材料检验及复检

（1）用作锚杆（土钉）的钢筋（HRB 335级或HRB 400级热轧带肋钢筋）、

钢管、角钢、钢丝束、钢绞线的规格、外观质量均应符合设计要求。

（2）水泥未过有效期，强度符合设计要求并无结块现象。

（3）砂用粒径小于 2mm 的中细砂。

3. 过程质量控制与检查要点

（1）土层锚杆。

1）钻孔。锚杆的水平方向孔距误差不大于 50mm，垂直方向孔距误差不大于 100mm。钻孔底部偏斜尺寸不大于长度的 3%。

2）灌浆。灌浆材料用强度等级 42.5 级以上的水泥，水灰比为 0.4～0.45。如用砂浆，则配合比为 1.1～1.2，砂的粒径不大于 2mm，砂浆仅用于一次注浆。

3）预应力张拉。

①检查锚体养护是否达到规范要求的强度值。

②张拉时应控制每级加载时间并符合规范要求。

③检查预应力锁定值是否符合规范要求。

4）腰梁加工及安装。

①检查异形支承板承压面是否在一条直线上。

②检查各桩是否在同一平面上。

③控制锚杆点的标高在设计允许偏差范围内。

（2）土钉墙。

1）检查场地内排水和降水措施是否有效。

2）开挖土方时，检查基坑底标高及边坡是否符合设计要求。

3）成孔及设置土钉。

①孔位的允许偏差不大于 100mm，钻孔倾斜度不大于 10°，孔深偏差不大于 30mm。

②成孔后，检查清孔质量，对孔中出现的局部渗水、塌孔或掉落松土应立即处理，成孔后应及时穿入土钉钢筋并注浆。

③设置土钉时，检查钢筋是否处于孔的中心部位。

4）注浆。

①检查注浆配合比情况是否符合设计要求。

②检查注浆量是否符合设计计算值。施工时当浆体工作度不能满足要求时，可外加高效减水剂，但不准任意加大用水量。

③浆体搅拌均匀，并立即使用。开始注浆，中途停顿或作业完毕后，须用水冲洗管路。

5）喷射混凝土面层。

①面层内的钢筋网片应牢固，固定在土壁上，并符合保护层厚度要求。

②检查喷面是否清理干净，检查控制喷射混凝土厚度的标志是否埋好。

③检查喷射面层厚度是否符合设计要求。

4. 成品保护

（1）锚杆钻机应安设安全可靠的反力装置，在钻进有地下承压水地层中时，孔口应安设可靠的防喷装置，以便突然发生漏水涌砂时能及时封住孔口。

（2）注浆管路应畅通，防止塞管、堵泵，造成爆管。

5. 质量常见问题及防治

基坑工程在做第二层锚杆施工时，墙外水压力较大，水及砂从预留孔与锚杆钻杆外套管间流入基坑内，施工人员经验不足时，会将钻杆拔出，并造成坑内大量涌水涌砂，造成附近变电室房屋开裂等事故。

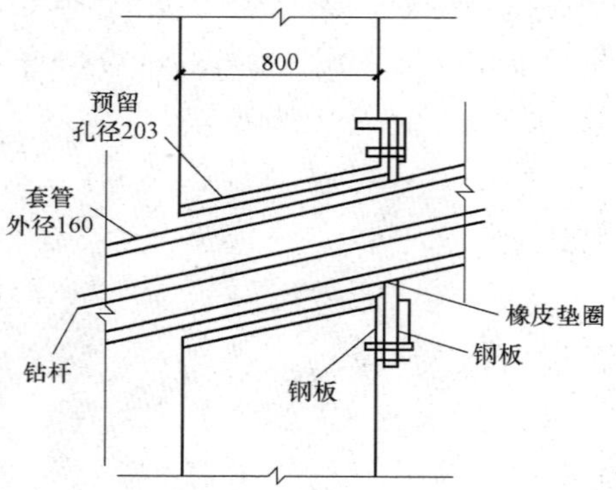

图2-2　止水垫圈示意图

防治措施：

（1）在孔口设橡皮垫圈，以阻止砂与水涌入坑内，如图2-2所示。

（2）在钻杆钻进时，保持钻头与外套管间有一定的距离，停钻时缩回外套管内，避免水从套管内进入基坑。

（3）灌注砂浆时保持砂浆力（0.4～0.6MPa）。

（4）拔管时留下最后两节外套管，待水泥初凝后拔出。

## 六、地下连续墙工程

1. 进场材料检验及复检

质量员应注意检查材料在存储过程中有无影响施工质量的变化。

（1）钢筋及钢材。应按设计要求选用。

（2）水泥、砂、碎石。应按设计要求或水下混凝土标准选用。

（3）水。一般应为自来水或可饮用水，水质不明的水应经过化验，符合要求后，方可使用。

（4）膨润土或优质黏土。其基本性能应符合成槽护壁要求。

(5) CMC 等外加剂。应按护壁泥浆的性能要求选用。

2. 过程质量控制与检查要点

(1) 导墙施工。导墙一般用钢筋混凝土浇筑而成，厚度一般为 150～250mm，深度为 1.5～2.0m，底部应坐落在原土层上，其顶面高出施工地面50～100mm，并应高出地下水位 1.5m 以上。两侧墙净距中心线与地下连续墙中心线重合。每个槽段内的导墙应设一个以上的溢浆孔。

(2) 槽段开挖。

1) 应根据成槽地点的工程地质和水文地质条件、施工环境、设备能力、地下墙的结构尺寸及质量要求等选用挖槽机械。

2) 挖槽前，应预先将地下墙划分为若干个施工槽段，其平面形状可为一字形、L 形、T 形等。槽段长度应根据设计要求、土层性质、地下水情况、钢筋笼的轻重大小、设备起吊能力、混凝土供应能力等条件确定，一般槽段长度为 3～7m。

3) 挖槽前，应制订出切实可行的挖槽方法和施工顺序，并严格执行。挖槽时，应加强观测，确保槽位、槽深、槽宽和垂直度符合设计要求。

4) 挖槽过程中，应保持槽内始终充满泥浆。泥浆的使用方式应根据挖槽方式的不同而定，使用抓斗挖槽时，应采用泥浆静止方式，随着挖槽深度的增大，不断向槽内补充新鲜泥浆，使槽壁保持稳定；使用钻头或切削刀具挖槽时，应采用泥浆循环方式，用泵把泥浆通过管道压送到槽底，土渣随泥浆上浮至槽顶面排出，称为正循环；泥浆自然流入槽内，土渣被泵管抽吸到地面上，称为反循环。反循环的排渣效率高，宜用于容积大的槽段开挖。

5) 槽段的终槽深度应符合下列要求：非承重墙的终槽深度必须保证设计深度，同一槽段内，槽底深度必须一致且保持平整；承重墙的槽段深度应根据设计入岩深度的要求，参照地质剖面图及槽底岩屑样品等综合确定；同一槽段开挖深度宜一致；遇有特殊情况，应会同设计单位研究处理。

6) 槽段开挖完毕，应检查槽位、槽深、槽宽及槽壁的垂直度，合格后，应尽快清底换浆及安装钢筋笼，灌注槽段混凝土。

(3) 泥浆配制与使用。

1) 检验泥浆配和比是否符合设计要求。严格控制泥浆质量。成槽应根据土质情况选用合格泥浆，并通过实验控制泥浆密度，一般应不小于 1.05t/m$^3$。

2) 浇筑混凝土前，地下墙槽段间的连接接头处必须刷洗干净，不留任何泥砂或污物。

3）检查地下墙与地下室结构顶板、楼板、底板及梁之间连接可预埋钢筋或接驳器（锥螺丝或直螺丝）的质量是否符合设计要求。

4）检查已完工的导墙，应检查其净空尺寸、墙面平整度与垂直度，检查泥浆用的仪器、泥浆循环系统是否完好。

5）检查成槽的垂直度、槽底的淤积物厚度、泥浆密度、钢筋笼尺寸、浇筑导管位置、混凝土上升速度、浇筑面标高、地下墙连接面的清洗程度、预拌混凝土的坍落度、锁口管或接头箱的拔出时间及速度等。

6）成槽结束后，应对槽的宽度、深度及倾斜度进行检验。

7）永久性结构的地下墙在钢筋笼放入后，应做二次清孔，沉渣厚度应符合要求。

8）清槽后，尽可能缩短吊放钢筋笼和浇筑混凝土的间隔时间，防止槽壁受各种因素剥落、掉泥、沉积。

9）作为永久性结构的地下连续墙，土方开挖后应进行逐段检查，钢筋混凝土底板也应符合国家现行标准《混凝土结构工程施工质量验收规范》（GB 50204—2015）规定。

（4）水下混凝土灌注。

1）混凝土的配合比应通过试验确定，并应符合下列规定：

①满足设计要求和抗压强度等级、抗渗性能及弹性模量等指标，水灰比不应大于0.6。

②用导管法灌注的水下混凝土应有良好的和易性，坍落度宜为180～220mm，扩散度宜为340～380mm，每立方米混凝土中水泥用量不宜少于370kg，粗骨料的最大粒径不应大于25mm，宜选用中、粗砂，混凝土拌合物中的含砂率不小于45％。

2）导管的构造和使用应符合下列要求：

①导管壁厚不宜小于3mm，直径宜为200～250mm，直径制作偏差不得超过2mm。

②导管使用前应试拼试压，试压压力一般为0.6～1.0MPa。

3）灌注混凝土的隔水栓宜用预制混凝土塞、钢板塞、泡沫塑料等材料制成。

4）灌注水下混凝土应遵守下列规定：

①开始灌注时，隔水栓吊放的位置应临近水面，导管底端到孔底的距离应以能顺利排出隔水栓为宜，一般为0.3～0.5m。

②开灌前储料斗内必须有足以将导管的底端一次性埋入水下混凝土中0.8m

以上深度的混凝土储存量。

③混凝土灌注的上升速度不得小于 2m/h。

④随着混凝土的上升，要适时提升和拆卸导管，导管底端埋入混凝土面以下，一般保持 2～4m，不宜大于 6m，并不得小于 1m，严禁把导管底端提出混凝土面。

⑤在水下混凝土灌注过程中，应有专人每 30min 测量一次导管埋深及导管外混凝土面高度，每 2h 测量一次导管内混凝土面高度。混凝土应连续灌注，不得中断，不得横移导管，提升导管时应避免碰挂钢筋笼。

5）在一个槽段内同时使用两根导管灌注时，其间距不应大于 3m，导管距槽段端头不宜大于 1.5m，混凝土面应均匀上升，各导管处的混凝土表面的高差不宜大于 0.3m，混凝土应在终凝前灌注完毕，终浇混凝土面高程应高于设计要求的 0.5m。

3. 成品保护

（1）施工过程中，应注意保护现场的轴线桩和高程桩。

（2）导墙混凝土强度未达到设计要求，不得开始成槽作业。车辆、机械行走要防止挤压导墙、拔接头管（箱），防止压坏导墙。

（3）钢筋笼起吊及吊放入槽时，要防止钢筋笼变形，并应避免触碰造成槽壁坍塌。

（4）挖槽完毕，应尽快清槽、换浆、下钢筋笼，并在 4h 内浇筑混凝土。在浇筑过程中，应固定钢筋笼和导管位置，并采取措施防止泥浆污染。

（5）不得随意在连续墙上剔槽、钻孔。对于结构墙，应注意保护外露的主筋和预埋件不受损坏。

4. 质量常见问题及防治

（1）基坑开挖过程中发现不同槽段接头、不同高度处渗水，先是混浊泥浆水，然后大量中砂、细砂涌进坑内，接头地面（墙顶面）下陷，逐渐向深度及广度扩展，坑内堆积泥砂和积水。

防治措施：

1）已经出现的渗水、涌砂部分可采取快速堵漏方法用水玻璃水泥堵漏。在渗水涌砂较严重部分，应在墙后用高压注浆方法在一定宽、深部范围内注浆。

2）改进接头管、接头箱方法。例如：地下连续墙深 36m，槽段接头采用凹凸形楔形接头，该接头使平面外抗剪能力有较大提高，渗流途径长，折点多，抗渗性能好，施工难度较小，操作较易保证质量。但必须保证接头清洗效果，设计制作楔形刷，反复洗刷楔形接头，不让泥土砂粒留在楔形接头上，如图2-3所示。接头箱用油压千斤顶及油泵，在混凝土初凝后逐渐从顶部拔出。改进的槽段接头成功地提高了抗渗能力，加强了墙的抗剪强度。

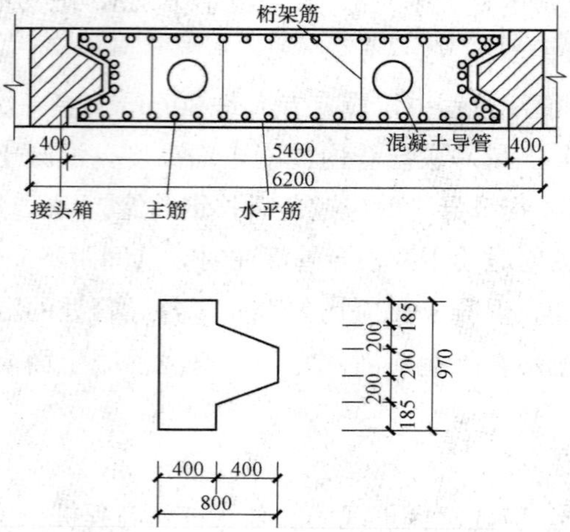


图2-3　楔形接头箱

(2) 导墙出现坍塌、不均匀下沉、裂缝、断裂等现象，而不能使用。

防治措施：大部分或局部已严重破坏或变形的导墙应拆除，并用优质土（或再掺入适量水泥、石灰）分层回填夯实加固地基，重新建筑导墙。

(3) 槽孔向一个或两个方向偏斜，垂直度超过规定数值。

防治措施：查明钻孔偏斜的位置和程度，对偏斜不大的槽孔，一般可在偏斜处吊住钻机，上下往复扫孔，使钻孔正直；对偏斜严重的槽孔，应回填砂与黏土的混合物到偏孔处1m以上，待沉积密实后，再重新施钻。

(4) 槽段清孔后，积存沉渣超过规范允许厚度，影响墙承受垂直荷载能力和墙底隔水性。

防治措施：经测定沉渣超过规范允许厚度时，应用吸力泵或空气吸泥法清渣。如将冲出泥浆的潜水砂泵和吸出泥浆的潜水砂泵组合放在槽底，进行冲吸，以多头钻进行清底作业。有时待沉积后，再以抓斗下槽抓泥；如还有少量超厚泥渣清不干净时，可填以砂砾石，吊重铊夯击，使混合密实，减少下沉。

(5) 抽拔锁头管后，墙体接头混凝土出现局部坍塌现象。

防治措施：已坍塌的接头应吊圆形钢丝刷或刮泥器将坍塌面清理干净，塌落的混凝土应用多头钻机或冲击钻配掏渣筒清出，与下一连接槽段的混凝土一起浇筑填补。

（6）墙体浇筑后，地下连续墙壁混凝土内存在局部或大面积泥夹层。

防治措施：

1）若导管已提出混凝土面以上，应立即停止浇筑，改用混凝土堵头，将导管插入混凝土重新开始浇筑。

2）遇坍孔，可将沉积在混凝土上的泥土吸出，继续浇筑，同时应采取加大水头压力等措施。

3）如混凝土凝固，可将导管提出，将混凝土清出，重新下导管，浇筑混凝土。

4）混凝土已经凝固，出现夹层，应在清除后采取压浆补强方法处理。

（7）墙体表面出现酥松、剥落，混凝土强度较低，达不到设计要求。

防治措施：当墙体表面出现酥松剥落，强度降低的情况时，如一面挖出的墙，应采取加固处理；不能挖出的墙，采用压浆法加固。

第三章

# 地基处理施工质量检查控制要点

## 一、灰土地基

1. 施工作业条件检查

（1）基坑（槽）已按设计要求处理完地基，并办理完隐蔽验收手续。

（2）已对基础、地下室墙和地下防水层、保护层进行检查，并办理完隐蔽验收手续。

（3）基础砌筑砂浆或现浇混凝土已达到规定强度。

（4）已采取排水或降低地下水位的措施。

（5）房心和管沟铺夯灰土前，已先完成上下水管道的安装，并办理完隐蔽验收手续。

（6）已确定出土料含水率控制范围、铺土厚度和夯打遍数等参数。

（7）已钉好灰土水平木桩及标高控制木桩。

2. 进场材料检验及复检

质量员在施工前应注意材料在运输及存储过程中是否发生影响施工质量的变化，对于易变质材料，还要注意是否在有效期内。

3. 过程质量控制与检查要点

（1）灰土拌和。

1）灰土拌和料应拌和均匀，配合比符合设计要求。

2）灰土湿度应控制在最优含水量范围内。

（2）摊铺与夯实。

1）应在槽壁钉标志桩，控制铺灰厚度，使分层铺设厚度符合设计要求。

2）分段施工时，上、下两层的搭接长度及搭接形式符合设计要求。

3）夯实时，加水量及夯压遍数符合设计要求，每层夯实后应采用环刀取样，测定其干密度。

4）在地下水位以下的基槽（坑）内施工时，应采取排水措施。

5）入槽的灰土不得隔日夯打，夯实后的灰土在3天内不得受水浸泡。灰土夯打完后，应及时进行基础施工并及时回填土方，否则应进行临时遮盖，防止日晒雨淋。

6）灰土、砂、砂石垫层最后应满夯打一遍；三合土垫层最后一遍夯打应采用浓浆拌三合土，夯打密实，并注意标高，待灰浆收干后铺薄层砂子或煤屑，再整平夯实，以防止表面松散不平。

7）灰土贯入度符合设计要求。

（3）接槎位置应按规范规定位置留设；分段分层施工应做成台阶形，上下两层桩缝应错开500mm以上，每层虚铺应从接槎处往前延伸500mm，夯实时夯达300mm以上，接茬时再切齐，然后铺下段夯实。

（4）灰土最上层完成后，检查其标高和平整度，针对超高和低洼处应采取措施找平。

4. 季节性施工质量检查

（1）雨期施工灰土应连续进行，尽快完成，施工中应有防雨和排水措施。刚夯打完毕或尚未夯实的灰土，如遭受雨淋浸泡，应将积水及松软灰土除去并补填夯实；受浸湿的灰土，应晾干后再夯打密实。

（2）冬期施工灰土必须在基层不冻的状态下进行，土料不得含有冻块，并应覆盖保温；已熟化的石灰应在次日用完，以充分利用石灰熟化时的热量。当日拌和的灰土，应在当日铺完夯实，夯完的灰土表面应用塑料薄膜和草袋覆盖保温。

5. 成品保护

（1）灰土地基打完后，应及时进行基础施工与基坑（槽）回填，或做临时覆盖，防止日晒雨淋。

（2）基坑（槽）四周做好挡、排水设施，防止受雨水浸泡。

（3）冬季应采取保温措施，防止受冻。

6. 质量常见问题及防治

灰土地基的灰土松散。

防治措施：视情况而定，如果材料太干，应对灰土垫层适当洒水，随浇随打，至密实为止。

## 二、砂和砂石地基

1. 施工作业条件检查

（1）基坑（槽）已经过相关单位检查，并办理完隐蔽检查手续。

（2）砂或砂石材料已按设计要求的种类和需用量进场并经验收符合要求。

（3）已采取排水或降低水位的措施。

2. 进场材料检验及复检

质量员在施工前应注意材料在运输及存储过程中是否发生影响施工质量的变化，对于易变质材料还要注意是否在有效期内。

3. 过程质量控制与检查要点

（1）混合料拌和时，要求砂、石应搅拌均匀且配合比符合设计要求。

（2）砂和砂石地基铺筑应分层进行，并在下层的密实度经检验合格后，方可进行上层施工。

（3）分层厚度应在槽帮上钉标志桩拉线控制。

（4）铺筑时，分段、层的留槎位置、方法正确，接茬密实、平整。

（5）最后一层夯、压密实后，检查压实度、设计标高是否符合设计要求。

4. 成品保护

（1）施工过程中应采取措施保护基槽（坑）边坡土体的稳定，防止坍塌，使泥土混入砂或砂石地基中，影响换填地基的强度。

（2）在砂或砂石地基铺设或捣实过程中，应保护测量放线基准点和标桩。

（3）铺筑完成的砂或砂石地基在进行下道工序施工前应防止人踩车压，并做好挡水和排水措施，防止雨水浸泡；应在验收合格后及时进行下道工序的施工。

## 三、土工合成材料地基

1. 施工作业条件检查

（1）回填土、石料试验合格。

（2）土工合成材料验收合格。

（3）土工合成材料铺设前的基层处理符合设计要求，并通过验收。

2. 现场施工前材料质量复检

（1）质量员在施工前应注意材料在运输及存储过程中是否发生影响施工质量

的变化，对于易变质材料还要注意是否在有效期内。

（2）土工合成材料无损伤破坏现象。

3. 过程质量控制与检查要点

（1）基层处理。铺放土工合成材料的基层应平整，局部高差不大于 50mm。铺设土工合成材料前应清除树根、草根及硬物，避免损伤破坏土工合成材料；表面凹凸不平的可铺一层砂找平层。找平层应当做路基铺设，表面应有 4%～5%的坡度，以利排水。

（2）土工合成材料铺设。

1）土工合成材料须按其主要受力方向从一端向另一端铺放。

2）铺放时松紧度应适度，防止绷拉过紧或有皱褶，且紧贴下基层。要及时压固，以免被风吹起。

3）土工合成材料铺放时，两端须有富余量。富余量每端不少于 1000mm，且应按设计要求加以固定。

4）当加筋垫层采用多层土工材料时，上、下层土工材料的接缝应交替错开，错开距离不小于 500mm。

5）检查土工合成材料与结构的连接状况，连接处强度不得低于设计要求的强度。

（3）回填。

1）回填时，检查回填料铺设厚度及平整度是否符合设计要求。

2）回填料为中、粗、砾砂或细粒碎石类时，在距土工合成材料（主要指土工织物或土工膜）80mm 范围内，最大粒径应小于 60mm。当采用黏性土时，填料应能满足设计要求的压实度并且不含有对土工合成材料有腐蚀作用的成分。

3）当使用块石做土工合成材料保护层时，块石抛放高度应小于 300mm，且土工合成材料上应铺放厚度不小于 50mm 的砂层。

4）对于黏性土，含水量应控制在最佳含水量的±2%范围内，密实度不小于最大密实度的 95%。

5）回填土应分层进行，每层填土的厚度应随填土的深度及所选压实机械轻重确定。一般为 100～300mm，但第一层填土厚度不少于 150mm。

6）为防止土工织物在施工中产生顶破、穿刺、擦伤和撕破等，一般应在土工织物下面设置砾石或碎石垫层，在其上面设置砂卵石保护层。

7）土工合成材料铺好后应随即铺设上面的砂石材料或土料，避免长时间曝晒和暴露，以免材料老化。

（4）施工结束后，应按设计要求进行承载力检验。

4. 成品保护

（1）铺放土工合成材料，现场施工人员禁止穿硬底或带钉的鞋。

（2）土工合成材料铺放后，宜在48h内覆盖，避免阳光曝晒。

（3）严禁机械直接在土工合成材料表面行走。

（4）用黏土做回填时，应采取排水措施；雨雪天要加以遮盖。

## 四、粉煤灰地基

1. 施工作业条件检查

（1）地基土上垃圾已清除，已排除表面积水，地基土已碾压（夯击）密实。

（2）粉煤灰已按需用量进场，并经验收符合要求。

（3）已确定填料含水量控制范围、铺土厚度、碾压遍数等施工参数。

2. 进场材料检验及复检

（1）质量员在施工前应注意材料在运输及存储过程中是否发生影响施工质量的变化，对于易变质材料还要注意是否在有效期内。

（2）粉煤灰中严禁混入植物、生活垃圾及其他有机杂质。

3. 过程质量控制与检查要点

（1）施工前应检查粉煤灰材料，并对基槽清底状况、地质条件予以检验。

（2）粉煤灰地基铺设前，应清除地基土上垃圾，排除表面积水。

（3）粉煤灰铺设含水量应控制在最优含水量范围内，如含水量过大，需摊铺晾干后再碾压。粉煤灰铺设后，应于当天压完；如压实时含水量过小，呈现松散状态，则应洒水湿润再压实。

（4）碾压时，检查碾压遍数、压实度及搭接区碾压程度。

（5）在夯（压）实时，如出现“橡皮土”现象，应暂停压实，可采取将地基开槽、翻松、晾晒或换灰等方法处理。

（6）每层铺完夯（压）后，取样检测密实度合格后，应及时铺筑上一层或及时在其上浇筑混凝土垫层。

4. 季节性施工质量检查

冬期施工，最低气温不得低于0℃，以免使粉煤灰含水冻胀。

5. 成品保护

（1）铺筑完的粉煤灰地基，严禁车辆在其上行驶。

（2）全部粉煤灰地基铺筑完成并经验收合格后，应及时在其上浇筑混凝土垫层，防止因日晒雨淋而破坏。

## 五、强夯地基

1. 施工作业条件检查

施工场地已平整，并做好排水沟。

2. 进场材料检验及复检

（1）质量员在施工前应注意材料在运输及存储过程中是否发生影响施工质量的变化，对于易变质材料还要注意是否在有效期内。

（2）土料中无生活垃圾。

3. 过程质量控制与检查要点

（1）试夯时，检查夯锤重量、尺寸及夯锤落距控制手段。试夯的密实度和深度必须符合设计要求。

（2）对分层填土的土料，必须严格控制为最优含水量。

（3）强夯时，检查夯锤落距、夯击遍数、夯击点位及夯击范围，必须符合设计要求。

（4）强夯的遍数和两遍之间的间歇时间必须符合设计要求和规范规定。

（5）应控制夯击点中心的位移，顶面标高允许偏差为±20mm，地基强夯后的表面应保持平整。

（6）强夯地基的最后下沉量和总下沉量必须符合设计要求和规范规定。

（7）施工结束后，检查被夯地基的强度并进行承载力检验。

4. 季节性施工质量检查

（1）雨期施工，检查排水设施，土料含水量控制在最优含水量范围内。雨期填土区强夯，应在场地四周设排水沟、截洪沟，防止雨水流入场内；填土应使中间稍高；土料含水率应符合要求；认真分层回填，分层推平、碾压，并使表面保持1%～2%的排水坡度；当班填土当班推平压实；雨后抓紧排除积水，推掉表面稀泥和软土，再碾压；夯后夯坑立即推平、压实，使高于四周。

（2）冬期施工应清除地表的冻土层再强夯，夯击次数要适当增加，如有硬壳层，要适当增加夯次或提高夯击动能。

5. 质量常见问题及防治

（1）地基经重锤夯实后，表面高低不平。

防治措施：加强操作，控制落锤高度一致，避免夯锤倾斜；出现高低不平，可在较高处适当增加夯打遍数，或挖高填低再补夯。

(2) 强夯后，实际加固深度局部或大部分未达到要求的影响深度，加固后的地基强度未达到设计要求。

防治措施：影响深度不够，可采取增加夯击遍数或调节锤击功的大小的方法，一般增大锤击功（如提高落距），可以使土的密实度大增。

(3) 强夯后表层土松散不密实，浸水后产生下陷现象。

防治措施：强夯完成应填平凹坑，用落距 6m 低能量夯锤满夯一遍，使夹层土密实；强夯处避免重型机械行驶扰动；冬季强夯应将冻土融化或清除后再强夯。

## 六、注浆地基

1. 施工作业条件检查

检查现场情况及核对钻孔孔位是否与施工方案相符。

2. 进场材料检验及复检

(1) 质量员在施工前应注意材料在运输及存储过程中是否发生影响施工质量的变化，对于易变质材料还要注意是否在有效期内。

(2) 水泥有效期、强度符合设计要求并无结块现象。

3. 过程质量控制与检查要点

(1) 水泥浆配合比符合设计要求。

(2) 注浆段长度、注浆孔距、注浆压力应符合设计要求。

(3) 注浆点位置应符合设计要求。

(4) 严格控制注浆的顺序、注浆过程中的压力。

(5) 施工中应经常抽查浆液的配比及主要性能指标，注浆的顺序、注浆过程中的压力控制等。

(6) 施工结束后，应检查注浆体强度、承载力等。检查孔数为总量的 2%～5%，不合格率大于或等于 20%时应进行二次注浆。检验应在注浆后 15 天（砂土、黄土）或 60 天（黏性土）进行。

4. 成品保护

水泥注浆在注浆后 15 天（砂土、黄土）或 60 天（黏性土），硅化注浆 7 天内不得在已注浆的地基上行车或施工，防止扰动已加固的地基。

5. 质量常见问题及防治

(1) 注入化学浆液有冒浆现象。

防治措施：

1) 需要加固的土层之上应有不小于 1.0m 厚度的土层，否则应采取措施，防止浆液上冒。

2) 及时调整浆液配方，满足该土层的灌浆要求。

3) 根据具体情况，调整灌浆时间。

4) 注浆管打至设计标高并清理管中的泥砂后，应及时向土中灌注溶液。

5) 打管前检查带有孔眼的注浆管，应保持畅通。

6) 采用间隙灌注法，即让一定数量的浆液灌入上层孔隙大的土中后，暂停工作，让浆液凝固，几次反复，就可把上抬的通道堵死。

7) 加快浆液的凝固时间，使浆液出注浆管就凝固，这就减少了上冒的机会。

(2) 注浆管沉入困难，达不到设计深度，且偏斜过大。

防治措施：

1) 放桩位点在地质复杂地区时，应用钎探查找障碍物，以便排除。

2) 打（钻）注浆管及电极棒，应采用导向装置，注浆管底端间距的偏差不得超过 20%，超过时，应打补充注浆管或拔出重打。

3) 放桩位偏差应在允许范围内，一般不大于 20mm。

4) 场地要平坦坚实，必要时要铺垫砂或砾石层，稳桩时要双向校正，保证垂直沉管。

5) 设置注浆管和电极棒宜用打入法，如土层较深，宜先钻孔至所需加固区域顶面以上 2～3m，然后再用打入法，钻孔的孔径应小于注浆管和电极棒的外径。

6) 灌浆操作工序包括打管、冲管、试水、灌浆和拔管五道工序，应先进行试验。

(3) 注浆过程中浆液从其他钻孔流出的现象。

防治措施：

1) 加大注浆间孔距；适当延长两个孔注浆间隔时间；相邻孔错开 1～2 个施工高程注浆。

2) 在注浆方法上，尽量采用自上而下的注浆方式；串浆孔如为待注孔，可采取同时并联注浆的方法。

(4) 进入注浆段内的浆液在压力作用下，出现绕过橡皮胶塞返到上部孔段的现象。

防治措施：

1）钻孔时要注意维护好孔壁，操作中尽量采用合金钻头成孔。

2）采用自上而下的注浆次序，待凝时间适当延长。

3）做压水试验时，如发现绕塞返水现象，宜适当加长橡胶塞，增加胶塞的压紧程序。

（5）注浆中地面产生抬动变形的现象。

防治措施：

1）在靠近砂砾石层表面的注浆段注纯水泥浆，形成较坚固的抗压盖重层；增加表层注浆孔的密度，提高上部土层的密实性。

2）在砂砾石层上面铺设一定厚度的夯实黏土层或混凝土盖板等。

## 七、预压地基

1. 施工作业条件检查

（1）施工场地已平整，并做好排水沟。

（2）砂井轴线控制桩及水准基点已经测设，井孔位置已经放线并定好桩位。

2. 进场材料检验及复检

（1）质量员在施工前应注意材料在运输及存储过程中是否发生影响施工质量的变化，对于易变质材料，还要注意是否在有效期内。

（2）检查袋装砂，应不易漏失。

3. 过程质量控制与检查要点

（1）砂井堆载预压地基。

1）打砂井后地基表层会产生松动隆起现象，应进行压实。

2）检查砂井数量、排列尺寸、形式、孔径、深度，应符合设计要求或施工规范的规定。

3）检查砂井灌砂密实度及灌砂量，应符合设计要求。

4）灌砂时，砂中的含水量应加以控制，对饱和水的土层，可采用饱和状态的砂；对非饱和土层和杂填土，或能形成直立孔的土层，含水量可采用7%～9%。

5）砂井灌砂应自上而下保持连续，要求不出现缩颈，且不扰动砂井周围土的结构。对灌砂量未达到设计要求的砂井，应在原位将桩管打入，灌砂复打一次。

6）砂井的灌砂密实度应符合设计要求，灌砂量不得少于计算量的95%。

7）地基预压前应设置垂直沉降观测点、水平位移观测桩、测斜仪以及孔隙水压力计，其设置数量、位置及测试方法应符合设计要求。

8）堆载预压过程中，作用于地基上的荷载不得超过地基的极限荷载，以免地基失稳破坏。

9）施工结束后，应检查地基土的十字板剪切强度、标贯或静压力触探值及要求达到的其他物理力学性能，重要建筑物地基应做承载力检验。

（2）袋装砂井堆载预压地基。参见（1）“砂井堆载预压地基”相关内容。

（3）塑料排水带堆载预压地基。

1）检查砂井施工排水措施、塑料排水带的位置，应符合设计要求。

2）塑料带滤水膜在转盘和打设过程中应避免损坏，防止淤泥进入带芯堵塞输水孔，影响塑料带的排水效果。

3）塑料带与桩尖锚碇要牢固，防止拔管时脱离，将塑料带拔出，带出长度不应大于500mm。打设时严格控制间距和深度，如塑料带拔起超过2m以上，应进行补打。

4）桩尖平端与导管下端要连接紧密，防止错缝，以免在打设过程中使淤泥进入导管，增加对塑料带的阻力，或将塑料带拔出。

5）塑料带需接长时，搭接长度应在20mm以上，以保证输水畅通和有足够的搭接强度。

6）检查堆载高度、沉降速度。

7）施工结束后，应检查地基土的十字板剪切强度、标贯或静力触探值以及所要求达到的其他物理力学性能，重要建筑物应做承载力检验。

（4）真空预压地基。

1）检查排水设施、砂井（包括袋装砂井）或塑料排水带等位置及真空分布管的距离是否符合设计要求。

2）做好真空度、地面沉降量、深层沉降、水平位移、孔隙水压力和地下水位的现场测试工作，掌握变化情况，作为检验和评价预压效果的依据，并随时分析，如发现异常，应及时采取措施，以免影响最终加固效果。

3）检查密封膜的密封性能、真空表的读数等。泵及膜内真空度应达到96kPa和73kPa以上的技术要求。

4. 成品保护

（1）竖向排水系统（包括砂井、袋装砂井、塑料排水带）施工完成后，在施工砂垫层和堆载施工时，应注意保护竖向排水体不受破坏，以免影响排水效果。

（2）密封膜是真空预压成败的关键，在抽真空过程中，应随时注意保护和观察膜的密封性能，如发现有漏气，应及时修补完好。

5. 质量常见问题及防治

塑料排水带堆载预压地基施工中，塑料排水带与钢靴脱干，塑料带通道被堵塞。

防治措施：

（1）遇到硬物及管道等应予清除，或移位沉管。

（2）与钢靴连接紧密牢固后方可施工。

（3）改进塑料带锚固方式。

（4）通道被堵时应重新插带。

## 八、水泥土搅拌桩地基

1. 施工作业条件检查

场地已平整，桩位处地上、地下障碍物已清除。

2. 进场材料检验及复检

（1）质量员在施工前应注意材料在运输及存储过程中是否发生影响施工质量的变化，对于易变质材料还要注意是否在有效期内。

（2）水泥在有效期内，并无结块现象。

3. 过程质量控制与检查要点

（1）确保桩位符合设计要求；搅拌桩的桩身垂直偏差不得超过1.5%，桩位的偏差不得大于50mm，成桩直径和桩长不得小于设计值。

（2）拌制固化剂时不得任意加水，以防改变水灰比（水泥浆），降低拌和强度。

（3）水泥土搅拌桩施工。

1）湿法作业。

①所使用的水泥都应过筛，制备好的浆液不得离析，泵送必须连续。

②若停机时间超过3h，应清洗管路。

③搅拌机喷浆提升速度和次数必须符合施工工艺的要求。

④检查水泥浆注入量、搅拌桩的长度及标高，应符合要求。

⑤壁状加固时，桩与桩的搭接时间不应大于24h，如间歇时间过长，应采取钻孔留出榫头或局部补桩、加桩等措施。

2）干法作业。

①喷粉施工前应仔细检查搅拌机械、供粉泵、送气（粉）管路、接头和阀门的密封性、可靠性。

②搅拌头每旋转一周，其提升高度不得超过16mm。

③搅拌头的直径应定期复核检查，其磨耗量不得大于10mm。

④当搅拌头到达设计桩底以上1.5m时，应即开启喷粉机，提前进行喷粉作业。当搅拌头提升至地面下500mm时，喷粉机应停止喷粉。

⑤成桩过程中因故停止喷粉，应将搅拌头下沉至停灰面以下1m处，待恢复喷粉时再喷粉搅拌提升。

4. 成品保护

(1) 搅拌桩施工完毕，应养护14天以上才可开挖。基坑基底标高以上300mm，应采用人工开挖。

(2) 桩头挖出后，应禁止机械在其上行走，防止桩头被破坏，并应尽快进行下道工序的施工。

## 九、水泥粉煤灰碎石桩复合地基

1. 施工作业条件检查

(1) 施工前场地要平整压实（一般要求地面承载力为100～150kN/m²），若雨期施工，地面较软，地面可铺垫一定厚度的砂卵石、碎石、灰土或选用路基箱。

(2) 施工前要选好合格的桩管，稳桩管要双向校正（用锤球吊线或选用经纬仪成90°角校正），规范控制垂直度为0.5%～1.0%。

2. 进场材料检验及复检

(1) 质量员在施工前应注意材料在运输及存储过程中是否发生影响施工质量的变化，对于易变质材料还要注意是否在有效期内。

(2) 水泥在有效期内，并无结块现象。

3. 过程质量控制与检查要点

(1) 桩位偏差应在规范允许偏差范围内（10～20mm）。

（2）检查桩身混合料的配制、坍落度是否符合设计要求。

（3）振动沉管灌注成桩。

1）桩机就位须平整、稳固，沉管与地面保持垂直，如采用混凝土桩尖，需埋入地面以下300mm。

2）沉管灌注成桩施工拔管速度应按匀速控制，拔管速度应控制在1.2～1.5m/min左右，如遇淤泥土或淤泥质土，拔管速度可适当放慢。

（4）长螺旋钻孔压灌成桩。

1）桩机就位，调整沉管与地面垂直，垂直度偏差不大于1.5％。

2）控制钻孔或沉管入土深度，确保桩长偏差在±100mm范围内。

3）管内泵压混合料成桩施工，应准确掌握提拔钻杆时间，混合料泵送量应与拔管速度相配合，遇到饱和砂土或饱和粉土层，不得停泵待料，严禁先提钻后泵料。

4）成桩过程应连续进行，尽量避免因待料而中断成桩，因特殊原因中断成桩，应避开饱和砂土、粉土层。

5）搅拌好的混合料通过溜槽注入泵车储料斗时，需经一定尺寸的过滤栅，避免大粒径或片状石料进入储料斗，造成堵管现象。

6）为防止堵管，应及时清理混合料输送管。应及时检查输送管的接头是否牢靠，密封圈是否破坏，钻头阀门及排气阀门是否堵塞。

（5）检查提拔钻杆速度或提拔套管速度是否符合规范要求。

（6）检查成孔深度是否符合设计要求。

（7）检查桩身混合料贯入量。用浮标观测、检查、控制填充材料的灌量，否则应采取补救措施，并做好详细记录。

（8）施工中应检查桩身混合料的配合比、坍落度和提拔钻杆速度（或提拔套管速度）、成孔深度、混合料灌入量等。

（9）施工结束后，应对桩顶标高、桩位、桩体质量、地基承载力以及褥垫层的质量做检查。

4．季节性施工质量检查

（1）冬期施工时混合料入孔温度不得低于5℃，对桩头和桩间土应采取保温措施。

（2）季节施工要有防水和保温措施，特别是未浇灌完的材料，在地面堆放或在混凝土罐车中时间过长，达到了初凝，应重新搅拌或罐车加速回转再用。

5. 成品保护

(1) 施工中应保护测量标志桩和桩位标志不被扰动。

(2) 桩体应经成桩 7 天达到一定强度后，方可进行基槽开挖。如桩顶距离地面在 1.5m 以内，宜用人工开挖；如大于 1.5m，下部 700mm 也宜用人工开挖，以免损坏桩头；清土和截桩时，不得造成桩顶标高以下桩身断裂和扰动桩间土。

(3) 挖至设计标高后，应剔除多余的桩头，剔除桩头时应采取如下措施：找出桩顶标高，在其上 50～100mm 处同一水平面按同一角度对称放置 2 个或 4 个钢钎，用大锤同时击打，将桩头截断。桩头截断后，再用钢钎、手锤等工具沿桩周向桩心逐渐剔除多余的桩头，剔凿平整直至设计桩顶标高。

(4) 保护土层和桩头清除至设计标高后，应尽快进行褥垫层的施工，以防桩间土被扰动。

(5) 冬期施工时，保护土层和桩头清除至设计标高后，立即对桩间土和 CFG 桩采用草帘、草袋等保温材料进行覆盖，防止桩间土冻涨而造成桩体拉断，同时防止桩间土受冻后复合地基承载力降低。

第四章

# 桩基础施工质量检查控制要点

## 一、混凝土灌注桩工程施工

1. 施工作业条件检查

（1）施工平台应坚实稳固。

（2）材料按需用计划进场，并且质量应符合设计要求。

（3）机具设备已运进现场并试运转，能满足施工要求。

（4）桩位已设置完毕，并经复测验收合格。

2. 进场材料检验及复检

质量员在施工前应注意材料在运输及存储过程中是否发生影响施工质量的变化，对于易变质材料还要注意是否在有效期内。

（1）水泥在有效期内，并无结块现象。

（2）钢筋表面必须洁净，无损伤、油渍、漆污和铁锈等，带有颗粒状或片状老锈的钢筋严禁使用。

3. 钢筋笼制作与安装过程质量控制与检查要点

（1）钢筋笼制作。

1）主筋净距必须大于混凝土粗骨料粒径 3 倍以上。

2）钢筋笼的内径比导管接头处外径大 100mm 以上。

3）应在钢筋笼外侧设置控制保护层厚度的垫块，可采用与桩身混凝土等强度的混凝土垫块或用钢筋焊在竖向主筋上，其间距竖向为 2m，横向圆周不得少于 4 处，并均匀布置。钢筋笼顶端应设置吊环。

4）大口径钢筋笼制作完成后，应在内部加强箍上设置十字撑或三角撑，确保钢筋骨架在存放、移动、吊装过程中不变形。

（2）钢筋笼安装。搬运和吊装时应防止变形；安放要对准孔位中心，扶稳、缓慢、顺直，避免碰撞孔壁，严禁墩笼、扭转。就位后应立即采用钢丝绳或钢筋固定，使其位置符合设计及规范要求，并保证在安放导管、清孔及灌注混凝土过程中不发生位移。

4. 干作业螺旋钻成孔灌注桩质量控制与检查要点

（1）钻孔。

1）注意观察地层土质变化对钻机的影响，及时采取应急处理措施。钻孔钻出的土应及时清理，提钻杆前，先把孔口的积土清理干净，防止孔口土回落到孔底。

2）检查钻孔位置应符合设计要求。

（2）清孔。

1）控制孔内虚土厚度符合规范要求。

2）钻孔完毕，检查成孔质量是否符合设计要求。

（3）当天成孔后必须当天灌完混凝土。

（4）灌注混凝土。

1）成孔后应及时浇筑混凝土。严禁把土和杂物与混凝土一起灌入桩孔内。

2）随时测量桩顶标高，严格控制混凝土灌注高度并符合设计要求。

（5）干作业成孔。地质和水文地质应详细描述，如遇有上层滞水或在雨期施工时，应预先找出解决塌孔的措施，以保证虚土厚度满足设计要求。

（6）下钢筋笼。

1）钢筋笼的制作应在允许偏差范围内，以免变形过大，吊放时碰刮孔壁造成虚土超标，同时应在放笼后浇筑混凝土前，再测虚土厚度，如超标应及时处理。

2）检查保护层是否符合设计要求。下钢筋笼时，要求将钢筋笼缓慢送入孔内并且不得碰孔壁。

5. 钻压孔灌注桩质量控制与检查要点

（1）检查钻孔压浆桩的施工顺序是否符合施工规范要求。

（2）注意观察地层土质变化对钻机的影响，及时采取应急处理措施。

（3）水泥浆应即配即用。

（4）检查注浆泵的工作压力是否符合设计要求。

（5）检查补浆是否符合施工工艺要求。

（6）配制的水泥浆应在初凝时间内用完，不得隔日使用或掺水泥后再用。水泥浆液可根据不同的使用要求掺加不同的外加剂。浆液应通过 14mm×14mm～18mm×18mm 目筛孔，以免混入水泥袋屑或其他杂物。

6. 人工挖孔（扩底）灌注桩质量控制与检查要点

（1）应严格按图放桩位，并有复检制度。桩位（中心）轴线及标高应准确，保证桩孔轴线位置、标高、截面尺寸满足设计要求。桩位丢失应正规放线补桩。轴线桩与桩位桩应用颜色区分，不得混淆，以免挖错位置。垂直运输架架设时，要求搭设稳定、牢固。

（2）开始挖孔前，要用定位圈（钢筋制作的圆环有刻度十字架）放挖孔线，或在桩位外设置定位龙门桩，安装护壁模板必须用桩心点校正模板位置，并由专人负责。

（3）井圈中心线与设计轴线偏差不得大于20mm。

（4）桩孔挖至规定的深度后，用支杆检查桩孔的直径及井壁圆弧度，修整孔壁，使上下垂直平顺。

（5）成孔完毕后，应立即检查验收，成孔后，检查桩身直径、扩头尺寸、孔底标高、桩位中线、井壁垂直度、虚土厚度是否符合设计要求。下一工序紧随其后，吊放钢筋笼，浇筑混凝土，避免晾孔时间过长，造成不必要的塌孔，特别是雨季或有渗水的情况下，成孔不得过夜。

（6）吊放钢筋笼。

1）检查保护层厚度是否符合设计要求。

2）吊放钢筋笼时，要对准孔位，吊直扶稳、缓慢下沉，避免碰撞孔壁。

3）遇有两段钢筋笼连接时，应检查接头焊接质量是否符合规范要求。

4）吊放钢筋笼前，对超偏的混凝土护壁进行处理，以保证钢筋笼顺利吊入，吊放钢筋笼前，就要放好孔口护孔漏斗。

（7）浇筑桩身混凝土。

1）混凝土配合比要计算准确，保证坍落度均匀。运输时间过长，出现初凝要重新搅拌，不得随意加水。混凝土浇筑应连续进行，分层振捣密实。

2）检查坍落度是否符合设计要求。当渗水量过大时，应采取有效措施，保证混凝土的浇筑质量。

3）严格控制混凝土浇筑标高符合设计要求。

4）浇筑混凝土要连续进行，不得过夜，否则晾孔时间过长，造成局部塌孔，易出现夹泥现象。

7. 正（反）循环泥浆护壁钻孔灌注桩质量控制与检查要点

（1）混凝土坍落度应严格按设计或规范要求控制。

（2）护筒埋设应准确、稳定，护筒中心与桩位中心的偏差不得大于50mm。

(3) 钻机就位时检查钻机导杆是否垂直。

(4) 成孔时，应注意控制钻进速度，保证成孔的垂直度。

(5) 清孔后，应检查孔径和沉渣厚度是否符合设计要求。

8. 潜水钻成孔灌注桩质量控制与检查要点

(1) 检查泥浆密度是否符合设计要求。

(2) 钻孔。

1) 检查孔位是否符合设计要求。

2) 检查护筒埋置方式是否符合规范要求。

(3) 钻孔达到设计深度后，应立即进行清孔，并放置钢筋笼。

9. 旋挖成孔灌注桩质量控制与检查要点

(1) 严格控制钻机在行走和钻进过程中不发生倾斜和不均匀沉降现象。

(2) 检查桩位是否符合设计要求。

(3) 护筒埋设后，应检查其平面位置和垂直度是否符合设计要求。

(4) 在钻进和提升钻斗的过程中，应防止钻斗内的土渣落到孔内。

(5) 泥浆护壁时，检查泥浆密度是否符合设计要求。

(6) 钻进过程中，应根据地层变化及时调整泥浆性能指标。

(7) 检查清孔质量是否符合设计要求。

(8) 灌注混凝土时，严格控制混凝土灌注标高并符合设计要求。

10. 冲击成孔灌注桩过程质量控制与检查要点

(1) 护筒埋设符合设计要求。

(2) 冲击钻与护筒中心竖向对齐。

(3) 造孔时，检查孔内残渣排出情况是否符合施工规范要求。

(4) 冲孔时，检查泥浆密度是否符合设计要求；检查成孔的垂直度情况。

(5) 成孔后，检查孔深及清孔情况。

(6) 钢筋笼安装完后，应立即浇筑混凝土，间隔不应超过 4h。

11. 振动沉管灌注桩过程质量控制与检查要点

(1) 桩机就位时，检查装管是否与桩位中心对准。

(2) 沉管。检查沉管深度是否符合设计要求。

(3) 拔桩管时，需根据土质情况控制拔管的速度并符合施工规范要求。

12. 锤击沉管灌注桩过程质量控制与检查要点

(1) 桩机就位时，检查装管是否与桩位中心对准。

(2) 沉管时，如沉管过程中桩尖损坏，应及时拔出桩管更换桩尖。

（3）拔管速度应均匀，且符合施工规范要求。

13. 套管夯扩灌注桩过程质量控制与检查要点

（1）桩机就位时，检查装管是否与桩位中心对准。

（2）检查外桩管和内套管同步沉入深度。

（3）检查内管夯击次数。

（4）检查外管上拔高度。

（5）检查混凝土分次灌入量及混凝土的坍落度。

14. 多分支盘灌注桩过程质量控制与检查要点

（1）用钻机成孔时，根据地基土质不同，控制泥浆密度符合施工规范要求。

（2）检查成孔深度。

（3）检查混凝土配合比及坍落度是否符合设计要求。

（4）挤压分支成盘时，检查油压控制情况是否符合设计要求。

（5）分支、承力盘完成后，控制孔内置换的泥浆最终密度为1.1～1.15t/m$^3$。

（6）清孔后，应在0.5h内进行下道工序。

15. 季节性施工质量检查

（1）人工挖孔灌注桩冬、雨期施工。

1）冬季，当温度低于0℃浇筑混凝土时，应采取加热保温措施。浇筑入模的温度应由冬期施工方案确定。在桩顶未达到设计强度50%以前不得受冻。当夏季气温高于30℃时，应根据具体情况对混凝土采取缓凝措施。

2）雨天不能进行人工挖桩孔的工作。现场必须有排水的措施，严防地面雨水流入桩孔内，致使桩孔塌方。

（2）旋挖成孔灌注机冬期施工时，桩顶混凝土未达到受冻临界强度前应采取适当的保温措施，防止受冻。

16. 成品保护

（1）钢筋笼制作、运输和安装过程中，应采取防止变形措施。放入桩孔时，应绑好保护层垫块或垫板。钢筋笼吊入桩孔时，应防止碰撞孔壁。

（2）安装和移动钻机、运输钢筋笼以及浇灌混凝土时，均应注意保护好现场的轴线控制桩和水准基准点。

（3）在开挖基础土方时，应注意保护好桩头，防止挖土机械碰撞桩头，造成断桩或倾斜；桩头预留的钢筋，应妥善保护，不得任意弯折或压断。

（4）冬期施工时，桩顶混凝土未达到受冻临界强度前应采取适当的保温措施，以防受冻。

17. 质量常见问题及防治

（1）干作业螺旋钻成孔灌注桩质量问题及处理措施。

1）成孔后孔底虚土过多，超过规范所要求的不大于10cm的规定。

防治措施：

①对不同的工程地质条件，应选用不同的施工工艺。

a. 一次钻至设计标高后，在原位旋转片刻再停止旋转，静拔钻杆。

b. 一次钻到设计标高以上1m左右，提钻甩土，然后再钻至设计标高后停止旋转，静拔钻杆。

c. 钻至设计标高后，边旋转边提钻杆。如发生孔底虚土过多的情况，在同一孔内用第一种方法做二次或多次投钻。

②用勺钻清理孔底虚土。

③孔底虚土是砂或砂卵石时，可先采用孔底灌浆拌和，然后再灌混凝土。

④采用孔底压力灌浆法、压力灌混凝土法及孔底夯实法解决。

2）桩身表面有蜂窝、空洞，桩身夹土、分段级配不均匀，浇筑混凝土后的桩顶浮浆过多。

防治措施：

①如情况不严重且单桩承载力不大，则可设计研究，采取加大承台梁的办法解决。

②如有严重质量问题，则按本章“二、混凝土预制桩工程施工”中“桩身断裂的处理措施”处理。

③按照浇筑混凝土的质量要求，除了要做标准养护混凝土试块，还要在现场做试块（按照有关规范执行），以验证所浇筑的混凝土质量，并为今后补救措施提供依据。

3）成孔后，孔壁局部塌落。

防治措施：

①先钻至塌孔以下1～2m，用豆石混凝土或低强度等级混凝土（C10）填至塌孔以上1m，待混凝土初凝后，使填的混凝土起到护圈作用，防止继续坍塌，再钻至设计标高。也可采用3∶7灰土夯实代替混凝土。

②钻孔底部如有砂卵石、卵石造成的塌孔，可采用钻探的办法，保证有效桩长满足设计要求。

③成孔后要立即浇筑混凝土。

④采用中心压灌水泥浆护壁工法，可解决滞水所造成的塌孔问题。

4）孔形不符合设计要求，出现豁口、“梅花”孔等情况。

防治措施：扩孔刀片收不拢时，可多做几次张开收拢动作，尽可能把扩孔刀片中的土挤实，然后再提出扩孔器。每次扩孔的土应视储土筒容量而定，不宜过多。

（2）人工挖孔（扩底）灌注桩质量问题及处理措施。

1）井孔内大量涌水无法排干。

防治措施：可在群桩孔中间钻孔，设置深井，用潜水泵降低水位，至桩孔即挖完成，再停止抽水，填砂砾封堵深井。

2）超量。

防治措施：挖孔时每层每节严格控制截面尺寸，不许超挖；遇地下洞穴，用3∶7灰土填补、拍夯实；按坍孔一项防止孔壁塌落；成孔后在48h内浇筑桩混凝土，避免长期搁置。

（3）正（反）循环泥浆护壁成孔灌注桩质量问题及处理措施。

1）在成孔过程中或成孔后，孔壁塌落，造成钢筋笼放不到底，桩底部有很厚的泥夹层。

防治措施：发生孔口坍塌，应先探明坍塌位置，将砂和黏土（或砂砾和黄土）的混合物回填到坍孔位置以上1～2m，如坍孔严重，应全部回填，等回填物沉积密实后再进行钻孔。

2）在成孔过程中或成孔后，泥浆向孔外漏失。

防治措施：

①加稠泥浆或倒入黏土，慢速转动，或在回填土内掺片、卵石，反复冲击，增强护壁。

②在有护筒防护范围内，接缝处可由潜水工用棉絮堵塞，封闭接缝，稳住水头。

③在容易产生泥浆渗漏的土层中应采取维持孔壁稳定的措施。

④在施工期间护筒内的泥浆面应高出地下水位1.0m以上，在受水位涨落影响时，泥浆面应高出最高水位1.5m以上。

3）成孔后孔不直，出现较大垂直偏差。

防治措施：

①在偏斜处吊住钻头，上下反复扫孔，使孔校直。

②在偏斜处回填砂黏土，待沉积密实后再钻。

4）孔径小于设计孔径。

防治措施：

①采用上下反复扫孔的办法，以扩大孔径。

②根据不同的土层，应选用相应的机具、工艺。

③成孔后立即验孔，安放钢筋笼，浇筑桩身混凝土。

5）成桩后，桩身中部没有混凝土，夹有泥土。

防治措施：

①当导管堵塞而混凝土尚未初凝时，可采用下列两种方法：

a. 用钻机起吊设备，吊起一节钢轨或其他重物在导管内冲击，把堵塞的混凝土冲击开。

b. 迅速提出导管，用高压水冲通导管，重新下隔水球灌注。浇筑时，当隔水球冲出导管后，应将导管继续下降，直到导管不能再插入时，然后再少许提升导管，继续浇筑混凝土，这样新浇筑的混凝土能与原浇筑的混凝土结合良好。

②当混凝土在地下水位以上中断时，如果桩直径较大（一般在 1m 以上），泥浆护壁较好，可抽掉孔内水，用钢筋笼（网）保护，对原混凝土面进行人工凿毛并清洗钢筋，然后再继续浇筑混凝土。

③当混凝土在地下水位以下中断时，可用较原桩径稍小的钻头在原桩位上钻孔，至断桩部位以下适当深度时（可由验算确定），重新清孔，在断桩部位增加一节钢筋笼，其下部埋入新钻的孔中，然后继续浇筑混凝土。

④当导管接头法兰挂住钢筋笼时，如果钢筋笼埋入混凝土不深，则可提起钢筋笼，转动导管，使导管与钢筋笼脱离；否则只好放弃导管。

（4）潜水钻成孔灌注桩质量问题及处理措施。

1）钻孔漏浆。

防治措施：适当加稠泥浆或倒入黏土慢速转动，或在回填土内掺片石，卵石，反复冲击，增强护壁、护筒周围及底部接缝，用土回填密实，适当控制孔内水头高度，不要使压力过大。

2）钢筋笼偏位、变形、上浮。

防治措施：钢筋过长，应分 2～3 节制作，分段吊放，分段焊接或设加劲箍加强；在钢筋笼部分主筋上，应每隔一定距离设置混凝土垫块或焊耳环控制保护层厚度，桩孔本身偏斜、偏位应在下钢筋笼前往复扫孔处理，孔底沉渣应置换清水或适当密度泥浆清除；浇灌混凝土时，应将钢筋笼固定在孔壁上或压住；混凝土导管应埋入钢筋笼底面以下 1.5m 以上。

3）断桩。

防治措施：灌注桩严重塌方或导管无法拔出形成断桩，可在一侧补桩；深度不大可挖出，对断桩处作适当处理后，支模重新浇筑混凝土。

（5）旋挖成孔灌注桩质量问题及处理措施。

1）坍孔。

防治措施：当出现坍孔时，应首先将钻具提离孔底，并尽量将钻杆、钻头提出孔外。在处理前，应先弄清坍孔深度、位置、坍孔的地层、孔内泥浆指标等情况，针对具体情况进行处理。当坍孔位置在孔口上部砂层时，应迅速加长护筒并用黏土封闭，然后清除孔下部的坍塌物，增大孔内泥浆密度和黏度，继续钻进；当坍孔发生在孔下部砂层时，一般可加大泥浆密度和黏度进行处理。若调整泥浆指标不能排除事故，则应填入黏土，将坍塌部分全部填实，然后加大泥浆密度再重新开孔钻进。

2）卡钻。

防治措施：卡钻时不得强提，可将钢缆主索放松，将钻具下放后进行运转，待卡钻部位松动后，再轻轻上提。若因塌块、杂物坠落引起的其他卡钻，不得强提钻具，应设法使钻具向孔底移动，使钻头离开塌块或杂物，再慢慢提升钻具，解除事故。若因缩孔引起的卡钻，可使钻具边回转边缓慢提升。

3）弯孔或孔形不规则。

防治措施：处理此种情况一般用扩孔法和导正法。

①扩孔法。采用大于原钻孔直径的钻头进行扩孔，在操作时应轻压慢放，进尺不得过快。

②导正法。在钻孔不斜的孔段加导正装置，使纠斜钻具在保持正直的情况下钻进。

## 二、混凝土预制桩工程施工

### 1. 施工作业条件检查

（1）现场已满足三通一平（道路、水、电和场地平整）的条件；混凝土水平运输道路、运桩道路已修筑，能满足运输机械行走的要求。

（2）若采用成品桩，则成品桩已按设计标准验收合格，并运进现场。

（3）若采用现场制桩，则需满足以下条件。

1）制桩场地表面已整平加固及铺筑制桩地坪混凝土，经养护达到强度要求并经验收合格。

2）制桩模板已加工完成，运到制作场地。

3）钢筋笼制作场地、模板制作及堆放场地已平整夯实，并硬化。

4）混凝土搅拌设备已安装完毕，并经试运转能满足施工要求。

（4）场地周围的排水设施已按要求布设。

（5）各种材料按照需用量已进场，并经验收质量符合设计要求。

2. 进场材料检验及复检

质量员在施工前应注意材料在运输及存储过程中是否发生影响施工质量的变化，对于易变质材料还要注意是否在有效期内。

（1）水泥在有效期内，并无结块现象。

（2）电焊条型号符合设计要求。

3. 过程质量控制与检查要点

（1）现场制桩。

1）检查混凝土配比、坍落度是否符合设计要求。

2）检查桩钢筋骨架连接是否符合设计要求。

3）桩场内运输时，严禁以直接拖拉桩体方式代替装车运输。

4）桩应按规格、桩号分层叠放，支撑点设在靠近吊点处，各层垫木应上下对齐，并支垫平稳，堆放层数不宜超过 4 层。

（2）打入式预制桩施工。

1）打桩机就位时，检查打桩机的桩锤与桩位中心线是否对齐。

2）检查桩帽与桩的接触面处及替打木是否平整，如不平整应处理后方能施工。

3）打桩。

①确保桩锤、桩帽与桩身中心线始终一致。

②检查桩顶完整状况是否符合施工规范要求。

③检查桩锤落距是否符合施工规范要求。

4）接桩。

①接桩前，对连接部位上的杂质、油污等必须清理干净，保证连接部件清洁。检查校正垂直度后，两桩间的缝隙应用薄铁片垫实，必要时要焊牢，焊接应双机对称焊，一气呵成，经焊接检查，稍停片刻冷却后再行施打，以免焊接处变形过多。

②检查连接部件是否牢固平整和符合设计要求，如有问题，必须进行修正后

才能使用。

③接桩时，两节桩应在同一轴线上，法兰或焊接预埋件应平整服帖，焊接或螺栓拧紧后，锤击几下再检查一遍，看有无开焊、螺栓松脱、硫磺胶泥开裂等现象，如有应立即采取补救措施，如补焊、重新拧紧螺栓并把丝扣凿毛或用电焊焊死。

④采用硫磺胶泥锚接接桩法时，应严格按照操作规程操作，特别是配合比应经过试验，熬制时及施工时的温度应控制好，保证硫磺胶泥达到设计强度。

⑤电焊接桩，必须满焊，有空隙用小块钢板嵌填，保证焊缝长度和厚度，焊后检查焊缝外观有无气孔、夹渣、凹痕、裂缝等缺陷，重要工程应做到10%的焊缝探伤检查。

⑥法兰接桩，钢板和螺栓应紧固牢。

⑦硫磺胶泥锚接：

a. 锚筋应刷清并调直。

b. 锚筋孔内应有完好螺纹，无积水、杂物和油污。

c. 接桩时接点的平面和锚筋孔内应灌满胶泥；灌注时间不得超过2min。

d. 灌注后停歇时间应满足施工规范要求。

4. 成品保护

参见本章第一条“混凝土灌注桩工程施工”的相关内容。

5. 质量常见问题及防治

(1) 桩身断裂。

防治措施：当施工中出现断裂桩时，应及时会同设计人员研究处理办法。根据工程地质条件、上部荷载及桩所处的结构部位，可以采取补桩的方法。条基补1根桩时，可在轴线内、外补［图4-1 (a)、(b)］；补2根桩时，可在断桩的两侧补［图4-1 (c)］。柱基群桩时，补桩可在承台外对称补［图4-1 (d)］或承台内补桩［图4-1 (e)］。

(2) 桩顶碎裂。

防治措施：

1) 发现桩顶有打碎现象，应及时停止沉桩，更换并加厚桩垫。如有较严重的桩顶破裂，可把桩顶剔平补强，再重新沉桩。

2) 如因桩顶强度不够或桩锤选择不当，应换用养护时间较长的“老桩”或更换合适的桩锤。

(3) 长桩打入须进行多节接长，施工完毕通过检查完整性时，发现有的桩出

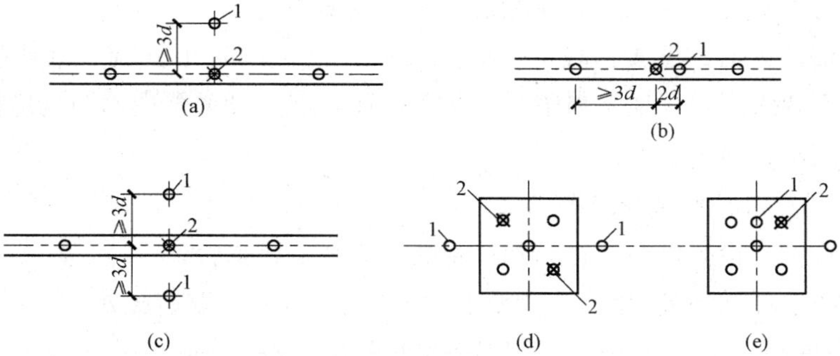


图 4-1　补桩示意图

(a) 轴线外补桩；(b) 轴线内补桩；(c) 两侧补桩；(d) 承台外对称补桩；(e) 承台内补桩

1—补桩；2—断桩

现脱节现象（拉开或错位）。

防治措施：

1）选用复打加固方式（用贯入度控制）检查和消除接头处的间隙，再用小应变检查桩体完整性，若仍出现错位，就用加桩方法处理。

2）对因接头质量引起的脱桩，若未出现错位情况，属于有修复可能的缺陷桩。当成桩完成，土体扰动现象消除后，采用复打方式，可弥补缺陷，恢复功能。

3）对遇到复杂地质情况的工程，为避免出现桩基质量问题，可改变接头方式，如用钢套方法，接头部位设置抗剪键，插入后焊死，可有效地防止脱开。

## 三、钢桩工程施工

1. 施工作业条件检查

(1) 已对现场地下、地上管线及可能受打桩影响的建筑物和构筑物采取相应的安全防护措施和环境保护措施。

(2) 已清除现场影响打桩的障碍物。

(3) 现场已平整并压实，能够满足打桩机行走和稳定的要求。

(4) 已设置轴线定位点和高程控制点。

2. 进场材料检验及复检

(1) 质量员在施工前应注意材料在运输及存储过程中是否发生影响施工质量

的变化，对于易变质材料还要注意是否在有效期内。

（2）钢桩运输、吊放、搬运，应防止桩体撞击，防止桩端、桩体损坏或弯曲，堆放不宜太高，场地平坦坚实，排水畅通，支点设置合理，两端应用木楔塞住，防止滚动、撞击、变形。

3. 过程质量控制与检查要点

（1）打桩。检查桩锤、桩帽和桩身的中心线是否重合。

1）当桩身的倾斜度超过0.8%时，应找出原因并采取措施处理。

2）当桩端进入硬土层后，严禁用移动桩架的方法纠偏。

3）遇有下列情况之一，应暂停打桩，并及时与设计、监理和建设单位现场代表等有关人员研究处理。

①贯入度突变。

②桩身突然倾斜、移位。

③地面明显隆起、临桩上浮或位移过大。

④桩身不下沉。

（2）焊接接桩。

1）焊接接桩需符合下列要求。

①桩端部的浮锈、油污等脏物必须清除，保持干燥，下节桩顶经锤击后的变形部分应割除。

②焊丝或焊条使用前应烘干。

③气温低于0℃或雨雪天，无可靠措施确保焊接质量时，不得焊接。

④当桩需要接长时，其入土桩段的桩头宜高出地面0.5～1.0m。

⑤上下节桩段应校正垂直度，使之保持顺直。

⑥焊好的桩接头应自然冷却后方可继续沉桩，自然冷却的时间不得小于1min。

⑦接桩时，上下节桩应在同一轴线上，接头处必须严格按照设计要求及焊接质量规程执行。

2）检查焊接接头质量。

①外观质量检查，各层焊缝的接头应错开，焊渣应清除，焊缝应连续饱满。

②探伤检查。在同一工程内，探伤检查不得少于3个接头。

（3）送桩。

1）桩身与送桩器的中心线应重合。

2）严格控制送桩深度。

①标高控制为主的桩，桩顶标高允许偏差为±50mm。

②以贯入度控制为主的桩，按设计确定的停锤标准停锤。

4. 成品保护

（1）钢桩进入现场应单排平放，下面垫枕木，防止桩变形。

（2）钢桩起吊时，应合理选择吊点，防止桩起吊过程中变形。

（3）钢桩工程的基坑开挖，应符合下列规定：基坑开挖应制订合理的基坑开挖方案，宜在打桩全部完成并相隔15天后进行，宜分层均匀开挖，桩周土体高差不宜大于2m。基坑开挖时，挖土机械不得碰撞桩头；截桩头时应用截桩器，不得用倒链硬拉；基坑开挖过程中应加强围护结构、边坡的监测。

5. 质量常见问题及防治

（1）接桩时桩顶打坏。

防治措施：发现桩顶打坏，不能正常接桩时，应割除损坏部位再进行接桩。

（2）打桩偏心或垂偏过大。

防治措施：

1）及时调正。

2）调正桩帽。使两者接触面平整。

3）障碍物不深时，可挖除回填后再打。

（3）承载力不够。

防治措施：

1）继续施打，打进桩端持力层。

2）在桩端增加十字肋等以增加闭塞效果。

（4）型钢桩贯入度突然增大。

防治措施：搞好测量控制，做到垂直地插入H形钢桩；桩架设置抱箍以横向约束桩的侧向变形；彻底清理桩位下的障碍物。

（5）型钢桩扭转。

防治措施：利用抱箍，扭转过大的桩。如入土深度不大，可拔出再次锤击入土。

（6）型钢桩难以打入。

防治措施：可在桩翼两侧焊长1～3m的钢板，以削减部分摩阻力，增加其贯入性。

## 四、静力压桩工程施工

1. 施工作业条件检查

（1）已清除桩基范围内高空、地面和地下障碍物。场地已平整压实，能保证压桩机械在场内正常运行。现场临时设施已设置。

（2）桩基的轴线桩和水准基点桩已设置完毕，每根桩的桩位已经测定。

2. 进场材料检验及复检

（1）质量员在施工前应注意材料在运输及存储过程中是否发生影响施工质量的变化，对于易变质材料还要注意是否在有效期内。

（2）桩的规格、型号必须符合设计要求，并无断裂现象。

3. 过程质量控制与检查要点

（1）机械静力压桩。

1）压桩。

①压桩机的配重应平稳配置于平台上。压桩机就位时应对准桩位，启动平台支腿油缸，校正平台处于水平状态。

②在粉质黏土及黏土地基施工，应避免沿单一方向进行，以免向一边挤压，地基挤密程度不匀。

③压桩应连续进行。

④检查压桩压力符合计算值要求。

⑤检查桩的垂直度是否符合设计要求。

⑥检查桩的压入深度是否符合设计要求。

2）接桩。

①接桩面应保持干净，浇筑时间不应超过2min；上下桩中心线应对齐，偏差不大于10mm；节点矢高不得大于0.1%桩长。

②接桩施工时，应对连接部位上的杂质、油污、水分等清理干净，上下节桩应在同一轴线上，使用硫磺胶泥严格按操作规程进行，保证配合比、熬制时间、施工温度符合要求，以防接桩处出现松脱开裂。

3）避免桩端停在砂层中接桩。

（2）锚杆静力压桩。

1）预制桩段制作，要保证端面平整，几何尺寸正确。

2）保证上、下桩段接头的连接质量，中心线要一致。

3）加压桩施工时，应对称进行，防止基础受力不平衡而导致倾斜；几台压桩机同时作业时，总压桩力不得大于该节点基础上的建筑物自重，以防基础被抬起。

4）压桩应连续进行，不得中途停顿，以防因间歇时间过长而使压桩力骤增，造成桩压不下去或把桩头压碎等质量事故。

5）桩与基础连接前，应对压桩桩孔进行认真检查，验收合格后，方可浇筑混凝土。

4. 成品保护

（1）混凝土预制桩达到设计强度的70％方可起吊，达到100％才能运输；桩起吊时应采取相应的措施，保持平稳，保护桩身质量。

（2）水平运输时，应做到桩身平稳放置，无大的振动，严禁在场地上以直接拖拉桩体方式代替装车运输。

（3）桩的堆存场地应平整、坚实，垫木与吊点应保持在同一横断面平面上，且各层垫木应上下对齐，叠放层数不宜超过四层。

（4）妥善保护桩基的轴线桩和水平基点桩，不得受到碰撞和扰动而造成位移。

（5）在软土地基中沉桩完毕，基坑开挖应制订合理的开挖顺序和采取一定的技术措施，防止桩倾斜或位移。

（6）在剔除高出设计标高的桩顶混凝土时，应自上而下进行，不横向剔凿，以免桩因受水平力冲击而受到破坏或产生松动。

5. 质量常见问题及防治

（1）桩架发生较大倾斜。

防治措施：立即停压并采取措施调整，使其保持平衡。

（2）桩身倾斜或位移。

防治措施：

1）及时调整，加强测量。

2）障碍物不深时，可挖除回填后再压；歪斜较大，可利用压桩油缸回程，将土中的桩拔出，回填后重新压桩。

第五章

# 地下防水施工质量检查控制要点

## 一、防水混凝土

1. 施工作业条件检查

（1）钢筋混凝土施工缝及水电预留、预埋通过隐蔽验收，模板工程、楼层标高抄测通过预检验收。重点检查外墙对拉螺栓是否有止水环、外墙的穿墙套管是否有止水措施，外墙施工缝的防水构造是否符合要求。

（2）浇筑混凝土前，混凝土接槎部位、顶板模板均需浇水湿润，并支立混凝土浇筑厚度控制标尺杆。

（3）防水混凝土施工前应做好降排水工作，不得在有积水的环境中浇筑混凝土。

2. 进场材料检验及复检

质量员在施工前应注意材料在运输及存储过程中是否发生影响施工质量的变化，对于易变质材料还要注意是否在有效期内。

（1）水泥。水泥的品种应符合设计要求，严禁使用过期或受潮结块变质的水泥。

（2）砂、石。目测砂、石粒径有无大量超标现象及其含泥及泥块量是否符合要求。

（3）外加剂。均在使用期范围内。

3. 过程质量控制与检查要点

（1）模板。

1）模板应平整，且拼缝严密不漏浆。

2）模板构造应牢固稳定。

3）防水混凝土结构内部设置的各种钢筋或绑扎铁丝，不得接触模板。固定模板时，避免以后水沿缝隙渗入。

4）固定模板用的螺栓必须穿过混凝土结构时，可采用工具螺栓或螺栓加堵头，螺栓上加焊方形止水环。拆模后应将留下的凹槽封堵密实。

（2）钢筋。

1）钢筋相互间绑扎牢固，以防露筋。

2）绑扎钢筋时，应按设计规定留足保护层，不得有负误差。留设保护层时，严禁以钢筋垫钢筋，或将钢筋用铁钉、钢丝直接固定在模板上。

3）钢筋及钢丝均不得接触模板，若采用铁马凳架设钢筋时，在不能取掉的情况下，应在铁马凳上加焊止水环，防止水沿铁马凳渗入混凝土结构。

（3）防水混凝土的施工配合比。应通过试验确定，抗渗等级应比设计要求提高一级（$0.2N/mm^2$）。

（4）防水混凝土结构底板的混凝土垫层。强度等级不应小于C15，厚度不应小于100mm，在软弱土层中不应小于150mm。

（5）防水混凝土结构。

1）结构厚度不应小于250mm。

2）裂缝宽度不得大于0.2mm，并不得贯通。

3）迎水面钢筋保护层厚度不应小于50mm。

（6）防水混凝土的配合比。

1）胶凝材料总用量不宜小于$320kg/m^3$；在满足混凝土抗渗等级、强度等级和耐久性条件下，水泥用量不宜小于$260kg/m^3$。

2）砂率宜为35%～45%，灰砂比宜为1∶1.5～1∶2.5。

3）水胶比不得大于0.5，有侵蚀性介质时水胶比不宜大于0.45。

4）防水混凝土采用预拌混凝土时，入泵坍落度宜控制在120～160mm，坍落度每小时损失值不应大于20mm，坍落度总损失值不应大于40mm。

5）掺加引气剂或引气型减水剂时，混凝土含气量应控制在3%～5%。

6）预拌混凝土配凝时间宜为6～8h。

（7）混凝土搅拌。严格按选定的施工配合比，准确计算称量每种用料，按顺序抽入混凝土搅拌机。

防水混凝土必须采用机械搅拌。搅拌时间比普通混凝土略长，一般不少于120s。

（8）混凝土运输。防水混凝土拌合物在运输后如出现离析，必须进行二次搅拌。当坍落度损失后不能满足施工要求时，应加入原水灰比的水泥浆或二次掺加减水剂进行搅拌，严禁直接加水。

（9）混凝土浇筑。

1）混凝土进场质量检查。预拌混凝土进场后，及时检查其强度等级和抗渗等级是否正确，混凝土出厂时间、进场时间和浇筑时间能否满足质量要求。

2）表面清理。浇筑前，应清除模板内的积水、木屑、铁丝、铁钉等杂物，并以水湿润模板。使用钢模应保持其表面清洁无浮浆。

3）底板混凝土浇筑。底板混凝土应连续浇筑，不宜设置施工缝，如确需留置施工缝时，应按照设计要求，采取有效的止水措施。底板混凝土要分层浇筑，每次浇筑厚度为400～500mm。浇筑上层混凝土必须在下一层混凝土初凝前完成。

（10）混凝土振捣。必须采用高频机械振捣密实，振捣时间以混凝土泛浆和不冒气泡为准，应避免漏振、欠振和超振。

（11）施工缝。

1）墙体水平施工缝不应留在剪力与弯矩最大处或底板与侧墙的交接处，应留在高出底板表面不小于300mm的墙体上。拱（板）墙结合的水平施工缝，宜留在拱（板）墙接缝线以下150～300mm处。墙体有预留孔洞时，施工缝距孔洞边缘不应小于300mm。垂直施工缝应避免地下水和裂隙水较多的地段，并宜与变形缝相结合。

2）水平施工缝浇灌混凝土前，应将其表面浮浆和杂物清除，先铺净浆，在铺30～50mm厚的1∶1水泥砂浆或涂刷混凝土界面处理剂，并及时浇灌混凝土。

3）垂直施工缝浇灌混凝土前，应将其表面清理干净，并涂刷混凝土采用处理剂或水泥基渗透结晶型防水材料，并及时浇灌混凝土。

4）遇水膨胀止水剂（胶）应与接缝表面密贴。

5）采用中埋式止水带或预埋式注浆管时，应定位准确、固定牢靠。

（12）后浇带。

1）后浇带混凝土施工前，后浇带部位和外贴式止水带应予以保护，严防落入杂物和损伤外贴式止水带。

2）后浇带应采用补偿收缩混凝土浇筑，其强度等级不应低于两侧混凝土。

3）后浇带混凝土的养护时间不得少于28天。

（13）穿墙管（盒）。

1）穿墙管（盒）应在浇筑混凝土前预埋。

2）穿墙管与内墙角、凹凸部位的距离应大于250mm。

3）结构变形或管道伸缩量较小时，穿墙管可采用主管直接埋入混凝土内的固定式防水法，并应预留凹槽，槽内用嵌缝材料嵌填密实。

4）穿墙盒的封口钢板应与墙上的预埋角钢焊严，并从钢板上的预留浇筑孔注入改性沥青柔性密封材料或细石混凝土。

5）当工程有防护要求时，穿墙管除应采取有效防水措施外，还应采取措施满足防护要求。

（14）混凝土的养护。

1）当混凝土进入终凝（约浇灌后 4～6h）即应覆盖并浇水养护，养护不少于 14 天。

2）大体积防水混凝土采用保温保湿养护时，混凝土中心温度与表面温度的差值不应大于 20℃，温降梯度不得大于 3℃/d，混凝土表面温度与大气温度的差值不应大于 25℃。养护时间不应少于 14 天。

（15）拆模板。不宜过早拆模。拆模时防水混凝土的强度必须超过设计强度等级的 70%，混凝土表面温度与环境温度之差，不得超过 15℃，以防混凝土表面产生裂缝。拆模时应注意勿使楼板和防水混凝土结构受损。

4．季节性施工质量检查

（1）冬期施工时，水和砂、石应根据冬期施工方案规定加热，应保证混凝土入模温度不低于 5℃。当采用综合蓄热法时，应采取有效的保温保湿措施，严禁混凝土受冻、脱水。冬期施工掺入的防冻剂应选用复合型外加剂，并经检验合格的产品。拆模时混凝土表面温度与环境温度差不大于 20℃。

（2）下雨时不宜浇筑混凝土，雨季浇筑的混凝土应及时覆盖防雨。

5．成品保护

（1）浇筑防水混凝土时不得踩踏钢筋，不得改动模板位置。

（2）浇筑外墙混凝土时，做好外墙预埋管、孔洞模板的保护，防止预埋管、预留洞位移。保护好穿墙管、电线管、电线盒及预埋件等，振捣时勿挤偏或使其挤入混凝土内。

（3）混凝土楼板表面无足够强度时，严禁集中堆放施工材料，以防施工荷载过大，造成楼板裂缝。

（4）拆除模板时严禁野蛮作业。

（5）冬期施工的混凝土不得过早拆除覆盖保温，混凝土强度应达到临界强度并满足冬期施工的有关要求后方可拆除保温。

（6）地下室外墙拆模后应及时回填土，防止地基被水浸泡，造成不均匀沉陷或长时间曝晒，导致出现温度收缩裂缝。

6. 质量常见问题及防治

（1）混凝土表面出现不规则的收缩裂缝或环形裂缝。当裂缝贯穿于混凝土结构本体时，即产生渗漏水。

防治措施：

1）根据裂缝渗漏水量和水压大小，采取促凝胶浆或氰凝。

2）对不渗漏的裂缝，可直接用灰浆处理。

3）对于结构出现的环形裂缝，应按变形缝的方法处理，其做法参见下文（2）中“变形缝渗漏水”的有关内容。

（2）地下工程变形缝（包括沉降缝、伸缩缝），一般设置在结构变形和位移等部位，如地下室与车道连接处。不少变形缝有不同程度的渗漏水。

防治措施：

1）如发现变形缝渗漏水，对可卸式止水带，可揭开盖板，扭开螺母，将压铁及表面式止水带拆卸，清除缝内填塞物。

2）在变形缝渗漏水部位缝内嵌入BW止水条，每隔1～2m处预埋注浆管，用速凝防水胶泥封缝（图5-1）。

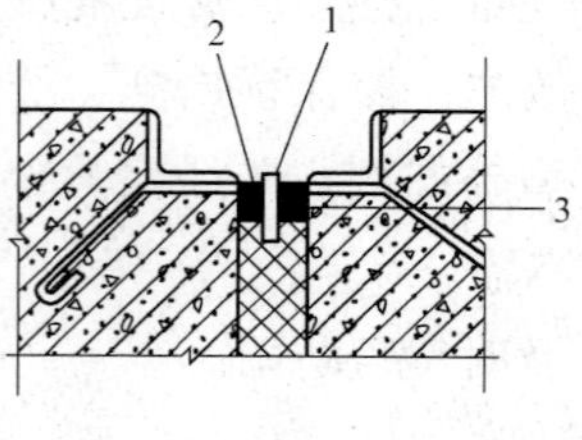


图5-1 预埋注浆管

1—注浆管；2—速凝防水胶泥；3—BW止水条

3）采用颜色水试水的方法，确定注浆方量。然后采用丙凝注浆。注浆顺序先底板，次侧墙，后顶板。

4）注浆后2～3天，应认真检查，对不密实处，可作第二次丙凝注浆，直到不渗漏水为止。注浆管可用微膨胀水泥砂浆填实。

（3）施工缝处混凝土骨料集中，混凝土酥松，接槎明显，沿缝隙处渗漏水。

防治措施：

1）根据施工缝漏水情况和水压大小，采用促凝胶浆或氰凝（丙凝）灌浆堵漏。

2）对于不渗漏水的施工缝出现缺陷，可沿缝剔成V形槽，遇有松散部位，须将松散石子剔除，刷洗干净后，用高强度等级水泥素浆打底，抹1∶2水泥砂浆找平压实，如图5-2所示。

（4）混凝土后期渗漏水，一般由于碳化收缩裂缝和化学反应裂缝造成。

防治措施：

1）为了使碳化裂缝表面的碳化脆弱，可用耐碱聚合物乳胶等材料作密封层，或用水泥密封剂密封，使其同水泥中的碱性物质发生化学变化，生成 $CaSiO_3$、$MgSiO_3$、$SiO_2$ 等化学稳定性很高的硅酸盐。

2）对钢筋锈蚀裂缝，应把主筋周围含盐混凝土消除，铁锈用喷砂法消除，然后喷浆或加抹 20mm 厚的水泥砂浆，也可涂刷两遍环氧胶泥进行表面封闭。

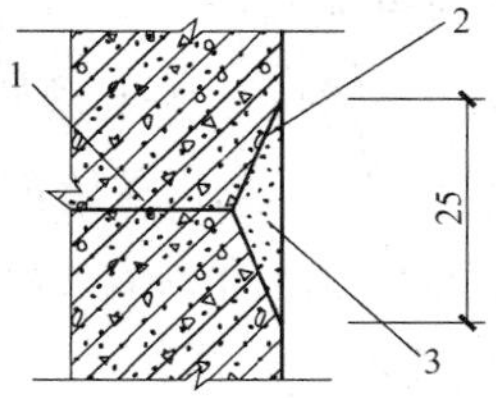

图 5-2　混凝土施工缝缺陷处理

1—施工缝；2—素浆；

3—水泥砂浆

3）深进或贯穿性裂缝，应用环氧胶泥灌缝，再在表面加刷环氧胶泥封闭。亦可采用氰凝、丙凝浆液灌缝，然后进行表面封闭。

## 二、水泥砂浆防水

1. 施工作业条件检查

（1）地下结构施工完成，检查合格并办理交接验收手续。

（2）基层表面应平整、坚实、粗糙、清洁，并充分湿润、无积水。

（3）预留孔洞及穿墙管道已施工完毕，按设计要求已做好防水处理，并办好隐检手续。

（4）混凝土墙面、地面，如有蜂窝和松散混凝土要凿掉，后浇缝带、施工缝面要凿毛，用压力水冲洗干净。

（5）用混合砂浆砌筑的砖墙，必须在砌砖时划缝，深度为 8～10mm，如漏划，应凿出。

（6）防水层材料备齐，运到现场，经复查质量符合设计要求。

（7）施工机具设备准备就绪，经维修试用，处于完好状态；水、电线路已敷设，可满足施工需要。

（8）当地下水位较高，应将水位降至地下结构底板以下 0.5m，直至防水层全部施工完成为止。

2. 进场材料检验及复检

质量员在施工前应注意材料在运输及存储过程中是否发生影响施工质量的变化，对于易变质材料还要注意是否在有效期内。

（1）水泥、外加剂。应保证在有效期内。

（2）聚合物乳液。外观无颗粒、异物和凝固物。

3. 过程质量控制与检查要点

（1）多层抹面水泥砂浆。

1）砂浆应采用机械搅拌，拌和时严格按照配合比加料，拌和要均匀一致，搅拌时间不少于3min，应随拌随用。

2）基层表面应清洁、平整、坚实并应充分湿润、无明水。粘结牢固，基层表面的孔洞、缝隙，应采用与防水层相同的防水砂浆填塞并抹平。

3）水泥砂浆防水层应分层铺抹或喷射，铺抹时应注意压实、抹平和表面压光。

4）水泥砂浆防水层各层应交替抹压密实，每层宜连续施工；如必须留施工缝时，留槎应符合下列规定：

①平面留槎采用阶梯坡形槎，接槎要依层次顺序操作，层层搭接紧密。接槎位置一般宜在地面上，也可在墙面上，但必须离开阴阳角处不得小于200mm。

②基础面与墙面防水层转角留槎。

5）施工水泥砂浆防水层时，气温不应低于5℃，且基层表面温度应保持在0℃以上。

（2）外加剂防水砂浆。

1）无机铝盐防水砂浆。

①基层处理。在处理好的基层上由上而下先刷一道水泥净砂。

②养护。防水层施工后应及时覆盖养护，每隔4h浇水一次，养护期14天，墙面防水层应在12h后再喷水养护。

③阴阳角。阴阳角应做成圆弧形，阳角半径一般为10mm，阴角半径一般为50mm。

2）有机硅防水砂浆。

①基层处理。先将积水排除，基层表面的污垢、浮土等杂物要清理干净，不得存有积水，进行凿毛后用水冲洗干净。如基层表面有裂缝、缺棱、掉角、凹凸不平处，应用聚丙烯聚合物水泥浆或水泥砂浆修补，待干燥后再进行防水处理。

②抹防水砂浆。底面与面层抹两遍，时间间隔不宜过短，以防开裂。抹浆时应先处理好阴阳角，再进行底面与面层施工。掺外加剂、掺合料等的水泥砂浆防水层厚度宜为18～20mm。

③养护。为防止防水砂浆中的水分过早蒸发而出现干缩裂缝，在防水层全部施工完后，应及时进行养护，养护温度不宜低于5℃，养护时间不得少于14天，养护期间应保持湿润。

（3）聚合物防水砂浆。

1）基层处理。参考（1）“多层抹面水泥砂浆”。

2）聚合物水泥防水砂浆拌和后应在规定时间内用完，施工中不得任意加水。

3）聚合物水泥砂浆防水层未达到硬化状态时，不得浇水养护或直接受雨水冲刷，硬化后采用干湿交替的养护方法，在潮湿环境中，可在自然条件下养护。

4. 季节性施工质量检查

（1）水泥砂浆防水层室外施工时，不得在雨天及五级以上大风中施工。冬期施工时，气温不应低于5℃，夏季施工时，不宜在30℃以上及烈日照射下施工。

（2）雨期施工时，要准备好防雨材料，如突遇下雨，已施工的防水层要用彩条布盖好，并应有畅通的排水措施，防止下雨破坏防水层或冲走砂浆，造成材料浪费，污染环境；作业面上的材料、施工用具等应及时回收入库，作业面上的垃圾应及时清理干净，避免雨水冲走堵塞下水管，污染环境。

（3）冬期施工时，应准备覆盖材料，当环境温度有可能降到5℃以下时，应及时进行覆盖保温，避免冻坏砂浆或混凝土产生废物污染环境。

5. 成品保护

（1）抹灰脚手架应离开墙面150mm；拆架子时，不得碰坏墙面及棱角。

（2）落地灰应及时清理，不得沾污地面基层或防水层。

（3）施工时保护好地漏、出水口等部位安放的临时堵头，以防灌入砂浆、杂物造成堵塞。

（4）被污染的墙柱面、门窗框、设备立管应及时清理干净。

6. 质量常见问题及防治

（1）防水层与基层脱离，甚至隆起，表面出现缝隙大小不等的交叉裂缝。处于地下水位以下的裂缝处，往往有不同流量的渗漏。

防治措施：

1）无渗漏水的空鼓裂缝，须全部剔除，边缘成斜坡形，按基层处理要求清洗干净，然后按各层次重新修补平整。

2）对于渗漏水的空鼓裂缝，剔除后按上条中所述的方法检查出漏水点的位置，并将该处剔成凹槽，清洗干净。混凝土基层可根据水压、流量等，酌情采取直接堵塞法或下管引水法堵漏。砖砌基层则应采用下管引水法堵漏，并重新抹上防水层，如图5-3所示。

3）对于未空鼓、不漏水的防水层收缩裂缝，可沿裂缝剔成八字形边坡沟槽，按防水层作法补平。

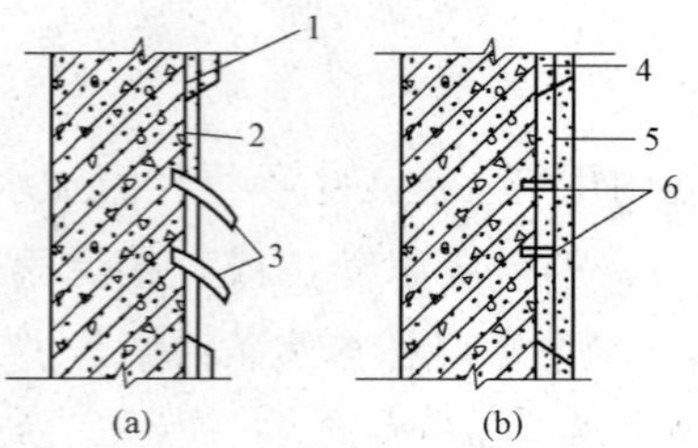


图5-3　空鼓裂缝漏水的修补

（a）剔除空鼓处下管示意；（b）修补后示意

1—原防水层；2—新抹防水层的一、二层；3—胶管；4—后补防水层；5、6—水泥胶浆堵塞

4）对于结构开裂造成的防水层裂缝，应先考虑结构补强，征得设计同意，可采用水泥加促凝剂灌浆法进行处理，然后按收缩裂缝处理。

（2）穿透防水层的预埋件周边出现阴湿或不同程度的渗漏。

防治措施：

1）对于预埋件周边出现的渗漏，先将周边剔成环形沟槽，再按裂缝直接堵塞方法处理。

2）对于因受振而使预埋件周边出现的渗漏，处理时需将预埋件拆除，制成预制块（其表面抹好防水层），并剔凿出凹槽供埋设预制块用。埋设前凹槽内先嵌入水泥：砂＝1：1和水：促凝剂＝1：1的快凝砂浆，再迅速将预制块填入。待快凝砂浆具有一定强度后，周边用胶浆堵塞，并用素浆嵌实，然后分层抹防水层补平，如图5-4所示。

3）如埋件密集，多数呈漏水状态，剔除埋件后漏水增多，这是因该部位混凝土浇捣不严，内部松散所致，如修堵困难，灌入快凝水泥浆，待凝固后，漏水量明显下降时，再参照上述1）、2）方法处理。

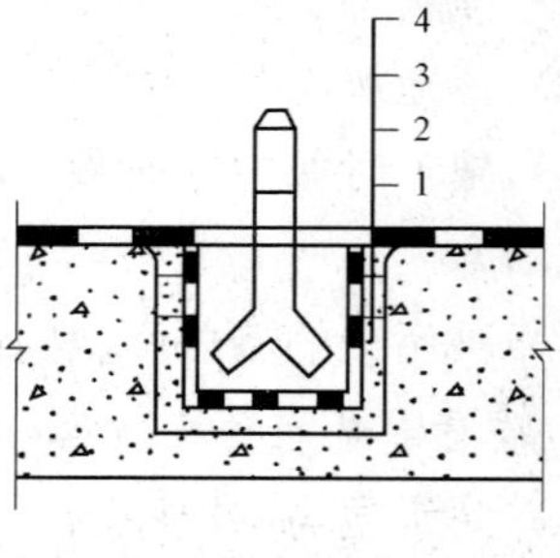


图5-4　受振的预埋件部位漏水修补

1—快凝砂浆；2—水泥胶浆；3—素浆嵌实；4—防水层

（3）一般常温管道周边阴湿或有不同程度的渗漏。热力管道周边防水层隆起或酥裂，渗漏水从该部位流出。

防治措施：

1）热力管道穿透内墙部位出现渗漏水时，可将穿管孔眼剔大，采用埋设预制半圆混凝土管法进行处理，如图5-5所示。

2）热力管道穿透外墙部位出现渗漏水，修复时需将地下水位降至管道标高以下，用设置橡胶止水套的方法处理。

（4）防水层表面不坚硬，用手擦试，可擦掉粉末或砂粒，显露出砂子颗粒。

防治措施：防水层表面起砂，在保证使用的情况下，一般可不做处理。如影响使用，需将表面用钢丝刷刷毛或用剁斧剁毛，清洗干净后，重新抹一遍素浆层

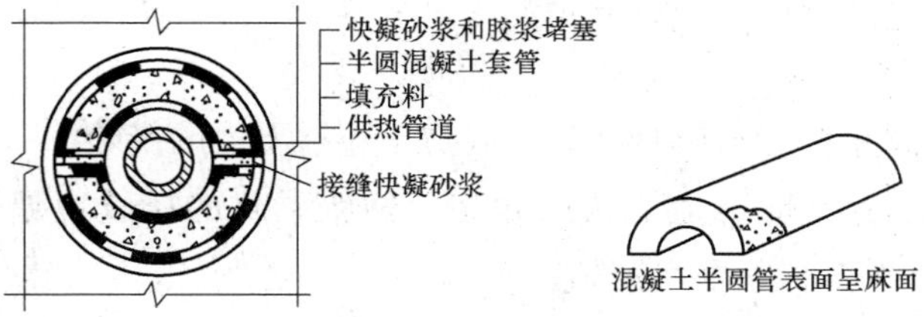


图 5-5　埋设预制半圆套管法

和水泥砂浆层，压光交活后，加强覆盖和浇水养护。

## 三、卷材防水

1. 施工作业条件检查

卷材防水施工的主要机具为垂直运输机具和作业面水平运输机具以及铺贴施工中的压辊、喷灯及热熔所需的小型工具。

2. 进场材料检验及复检

质量员在施工前应注意材料在运输及存储过程中是否发生影响施工质量的变化，对于易变质材料还要注意是否在有效期内。

（1）卷材。地下工程卷材外表不应有孔眼、断裂、叠皱、边缘撕裂。表面防粘层应均匀散布及油质均匀，无未浸透的油层和杂质，冬季不脆断。

（2）基层处理剂、胶粘剂等。在有效期内，均应与铺贴的卷材材性相容。

3. 过程质量控制与检查要点

（1）卷材防水层的基面应坚实、平整、清洁，阴阳角处应做圆弧或折角，并应符合所有卷材的施工要求。

（2）防水卷材施工前，基面应干净、干燥，并应涂刷基层处理剂；当基面潮湿时，应涂刷湿固化型胶粘剂或潮湿界面隔离剂。基层处理剂的配制与施工应符合下列要求：

1）基层处理剂应与卷材及其粘结材料的材性相容。

2）基层处理剂喷涂或刷涂应均匀一致，不应露底，表面干燥后方可铺贴卷材。

（3）铺贴各类防水卷材应符合下列规定：

1）卷材与基面、卷材与卷材间的粘结应紧密、牢固；铺贴完成的卷材应平整顺直，搭接尺寸应准确，不得产生扭曲和皱折。

2）卷材搭接处和接头部位应粘贴牢固，接缝口应封严或采用材性相容的密封材料封缝。

3）铺贴立面卷材防水层时，应采取防止卷材下滑的措施。

4）铺贴双层卷材时，上下两层和相邻两幅卷材的接缝应错开 1/3～1/2 幅宽，且两层卷材不得相互垂直铺贴。

（4）弹性体改性沥青防水卷材和改性沥青聚乙烯胎防水卷材采用热熔法施工应加热均匀，不得加热不足或烧穿卷材，搭接缝部位应溢出热熔的改性沥青。

（5）铺贴自粘聚合物改性沥青防水卷材应符合下列规定：

1）基层表面应平整、干净、干燥、无尖锐突起物或孔隙。

2）排除卷材下面的空气，应辊压粘贴牢固，卷材表面不得有扭曲、皱折和起泡现象。

3）立面卷材铺贴完成后，应将卷材端头固定或嵌入墙体顶部的凹槽内，并应用密封材料封严。

（6）铺贴三元乙丙橡胶防水卷材应采用冷粘法施工，并应符合下列规定：

1）基底胶粘剂应涂刷均匀，不应露底、堆积。

2）胶粘剂涂刷与卷材铺贴的间隔时间应根据胶粘剂的性能控制。

3）铺贴卷材时，应辊压粘贴牢固。

4）搭接部位的粘合面应清理干净，并应采用接缝专用胶粘剂或胶粘带粘结。

（7）铺贴聚氯乙烯防水卷材，接缝采用焊接法施工时，应符合下列规定：

1）卷材的搭接缝可采用单焊缝或双焊缝。单焊缝搭接宽度应为 60mm，有效焊接宽度不应小于 30mm；双焊缝搭接宽度应为 80mm，中间应留设 10～20mm 的空腔，有效焊接宽度不宜小于 10mm。

2）焊接缝的结合面应清理干净，焊接应严密。

3）应先焊长边搭接缝，后焊短边搭接缝。

（8）铺贴聚乙烯丙纶复合防水卷材应符合下列规定：

1）应采用配套的聚合物水泥防水粘结材料。

2）卷材与基层粘贴应采用满粘法，粘结面积不应小于 90%，刮涂粘结料应均匀，不应露底、堆积。

3）固化后的粘结料厚度不应小于 1.3mm。

4）施工完的防水层应及时做保护层。

（9）高分子自粘胶膜防水卷材宜采用预铺反粘法施工，并应符合下列规定：

1）在潮湿基面铺设时，基面应平整坚固、无明显积水。

2）卷材长边应采用自粘边搭接，短边应采用胶粘带搭接，卷材端部搭接区应相互错开。

3）立面施工时，在自粘边位置距离卷材边缘10～20mm内，应每隔400～600mm进行机械固定，并应保证固定位置被卷材完全覆盖。

4）浇筑结构混凝土时不得损伤防水层。

（10）采用外防外贴法铺贴卷材防水层时，应符合下列规定：

1）应先铺平面，后铺立面，交接处应交叉搭接。

2）当不设保护墙时，从底面折向立面的卷材接槎部位应采取可靠的保护措施。

3）混凝土结构完成，铺贴立面卷材时，应先将接槎部位的各层卷材揭开，并应将其表面清理干净，如卷材有局部损伤，应及时进行修补；卷材接槎的搭接长度，高聚物改性沥青类卷材应为150mm，合成高分子类卷材应为100mm；当使用两层卷材时，卷材应错槎接缝，上层卷材应盖过下层卷材。

（11）采用外防内贴法铺贴卷材防水层时，应符合下列规定：

1）混凝土结构的保护墙内表面应抹厚度为20mm的1∶3水泥砂浆找平层，然后铺贴卷材。

2）卷材宜先铺立面，后铺平面；铺贴立面时，应先铺转角，后铺大面。

①采用机械碾压回填土时，保护层厚度不宜小于70mm。

②采用人工回填土时，保护层厚度不宜小于50mm。

③防水层与保护层之间宜设置隔离层。

（12）底板卷材防水层上的细石混凝土保护层厚度不应小于50mm。

4. 季节性施工质量检查

（1）卷材防水层严禁在雨天、雪天以及五级风以上的条件下施工，冷粘法、自粘法施工的环境气温不宜低于5℃，热熔法、焊接法施工的环境温度不宜低于－10℃。施工过程中下雨或下雪时，应做好铺卷材的防护工作。卷材防水层的正常施工温度的范围为5～35℃。

（2）雨期施工时，如突遇大雨，已施工还没有做保护层，防水层要用彩条布盖好，并应有畅通的排水措施，防止大雨浸泡防水层，损坏防水层，造成材料浪费，污染环境；作业面上防水材料和施工用具等要及时收入仓库，垃圾及各种遗洒的材料都应及时清理干净。

5. 成品保护

（1）卷材在运输及保管时立放木高于四层，不得横放、斜放，应避免雨淋、日晒、受潮，以防粘结变质。

（2）已铺贴好的卷材防水层，应及时采取保护措施。操作人员不得穿带钉鞋在底板上作业。

（3）穿墙和地面管道根部、地漏等，不得碰坏或造成变位。

（4）卷材铺贴完成后，要及时做好保护层。外防外贴法墙角留槎的卷材要妥加保护，防止断裂和损伤并及时砌好保护墙；各层卷材铺完后，其顶端应给予临时固定，并加以保护，或砌筑保护墙和进行回填土。

（5）排水口、地漏、变形缝等处应采取措施保护，保持口内、管内畅通，防止基层积水或污染而影响卷材铺贴质量。

6. 质量常见问题及防治

（1）铺贴后的卷材甩槎被污损破坏，或立面临保护墙的卷材被撕破，层次不清，无法搭接。

防治措施：从混凝土底板下面甩出的卷材可刷油铺贴在永久保护墙上，但超出永久保护墙部位的卷材不刷油铺实，而用附加保护油毡包裹钉在木砖上，待完成主体结构、拆除临时保护墙时，撕去附加保护油毡，可使内部各层卷材完好无缺，如图 5 - 6 所示。

当采用聚氨酯代卷材作防水层时，其地下室底板与外墙防水处理如图 5 - 7 所示。

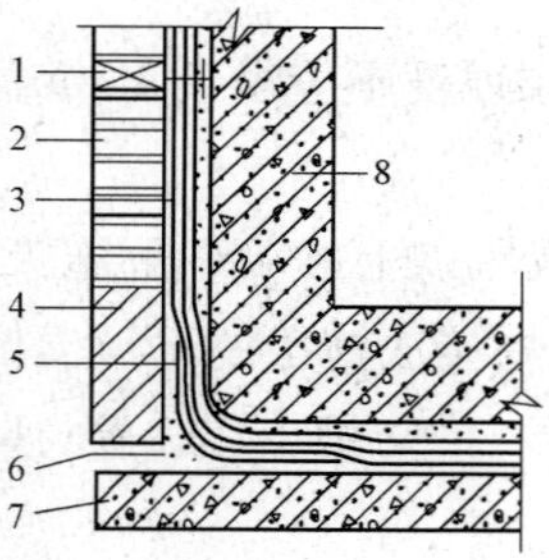


图 5 - 6　外贴法卷材搭接示意图

1—木砖；2—临时保护墙；3—卷材；4—永久保护墙；5—转角附加油毡；6—干铺油毡片；7—垫层；8—结构

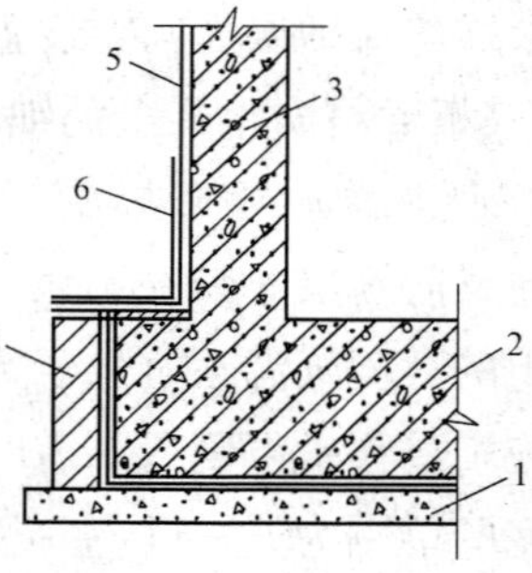


图 5 - 7　地下室底板与外墙防水处理

1—混凝土垫层；2—地下室底板；3—地下室外墙；4—砖侧墙；5—2mm 厚聚氨酯防水层；6—3mm 厚聚氨酯加筋附加层

（2）地下工程主体结构施工后，转角部位或墙体出现渗漏。

防治措施：当转角部位出现粘结不牢、不实等现象时，应将该处卷材撕开，灌入玛瑞脂，用喷灯烘烤后，逐层补好。热熔型卷材则用火焰喷枪加热卷材与基层修补。

## 四、涂料防水

1. 施工作业条件检查

（1）基层表面出现气孔、凹凸不平、蜂窝、缝隙、起砂等，应用水泥砂浆找平或用聚合物水泥腻子填补刮平，基层必须干净、无浮浆、无水珠、不渗水。

（2）涂料施工前，基层阴阳角应做成圆弧形，阴角直径宜大于 50mm，阳角直径宜大于 10mm。

（3）涂料施工前应先对阴阳角、预埋件、穿墙等部位进行密封或加强处理。

（4）涂料的配制及施工，必须严格按涂料的技术要求进行。

（5）基层应干燥，含水率不得大于 9%，当含水率较高或环境湿度大于 85% 时，应在基面涂刷一层潮湿隔离剂。

2. 进场材料检验及复检

质量员在施工前应注意材料在运输及存储过程中是否发生影响施工质量的变化，对于易变质材料还要注意是否在有效期内。

3. 过程质量控制与检查要点

（1）无机防水涂料基层表面应干净、平整，无浮浆和明显积水。

（2）有机防水涂料基层表面应基本干燥，不应有气孔、凹凸不平、蜂窝麻面等缺陷。

（3）防水涂料应分层刷涂或喷涂，涂层应均匀，不得漏刷漏涂；接槎宽度不应小于 100mm。

（4）铺贴胎体增强材料时，应使胎体层充分浸透防水涂料，不得有露槎及褶皱。

（5）保护层。

1）有机防水涂料施工完后应及时做好保护层。

2）底板、顶板应采用 20mm 厚 1∶2.5 水泥砂浆层和 40～50mm 厚的细石混凝土保护，顶板防水层与保护层之间宜设置隔离层。

3）侧墙背水面应采用 20mm 厚 1∶2.5 水泥砂浆层保护。

4）侧墙迎水面保护层宜选用软保护材料或20mm厚1∶2.5水泥砂浆层保护。

5）保护层与防水层粘结牢固、结合紧密、厚度均匀一致。

4. 季节性施工质量检查

（1）防水涂料严禁在雨天、雪天、雾天、五级及以上大风天气施工。

（2）不得在施工环境低于5℃及高于35℃或烈日暴晒时施工。

（3）涂膜固化前如有降雨可能时，应及时做好已完涂层的保护工作。

5. 成品保护

（1）穿过地面、墙面等处的管根、地漏，应防止碰损、变位。地漏、排水口等处应保持畅通，施工时应采取保护措施。

（2）涂膜防水层未固化前不允许上人作业；干燥固化后应及时做保护层，以防破坏涂膜防水层，造成渗漏。

（3）涂膜防水层施工时，应注意保护门窗、墙壁等成品，防止污染。

（4）严禁在已做好的防水层上堆放物品，尤其是金属物品。

## 五、地下工程防水细部构造

1. 施工作业条件检查

（1）基面修补完毕。

（2）整体沉降量达到80％。

（3）在潮湿及有积水的部位，应在遇水膨胀橡胶止水条上涂刷缓凝剂。

2. 进场材料检验及复检

质量员在施工前应注意材料在运输及存储过程中是否发生影响施工质量的变化，对于易变质材料还要注意是否在有效期内。

（1）止水带。止水带宽度和材质符合设计要求，且无裂缝和气泡。

（2）遇水膨胀橡胶。避免受潮湿和遭水浸。还应注意防止污染，沾上尘土或污物。

（3）腻子型止水条。是否在使用前受破坏或过早撕去隔离纸。

3. 过程质量控制与检查要点

（1）变形缝的防水。

1）止水带接头应采用热接，不得叠接，接缝平整、牢固，不得有裂口和脱胶现象。

2）止水带埋设位置应准确，其中间空心圆环应与变形缝的中心线重合，止水带不得穿孔或用铁钉固定。

3）变形缝设置中埋式止水带时，混凝土浇筑前应校正止水带位置，表面清理干净，止水带损坏处应修补；顶、底板止水带的下侧混凝土应振捣密实，边墙止水带内外侧混凝土应均匀，保持止水带位置正确、平直、无卷曲现象。

4）变形缝处增设的卷材或涂料防水层，应按设计要求施工。

（2）施工缝的防水。

1）水平施工缝浇筑混凝土前，应将其表面浮浆和杂物清除，铺水泥砂浆或涂刷混凝土界面处理剂并及时浇筑混凝土。

2）垂直施工缝浇筑混凝土前，应将其表面清理干净，涂刷混凝土界面处理剂并及时浇筑混凝土。

3）施工缝采用遇水膨胀橡胶腻子止水条时，应将止水条牢固地安装在缝表面预留槽内。

4）施工缝采用中埋止水带时，应确保止水带位置准确、固定牢靠。

（3）后浇带的防水。

1）后浇带应在其两侧混凝土龄期达到42天后再施工。

2）后浇带应采用补偿收缩混凝土，其强度等级不得低于两侧混凝土。

3）后浇带混凝土养护时间不得少于28天。

（4）穿墙管（盒）的防水。

1）穿墙管止水环与主管或翼环与套管应连续满焊，并做好防腐处理。

2）穿墙管处防水层施工前，应将套管内表面清理干净。

3）套管内的管道安装完毕后，应在两管间嵌入内衬填料，端部用密封材料填缝。柔性穿墙时，穿墙内侧应用法兰压紧。

4）穿墙管外侧防水层应铺设严密，不留接槎；增铺附加层时，应按设计要求施工。

5）管与管的间距应大于300mm。

（5）埋设件的防水。

1）埋设件端部或预留孔（槽）底部的混凝土厚度不得小于250mm；当厚度小于250mm时，必须局部加厚或采取其他防水措施。

2）预留地坑、孔洞、沟槽内的防水层，应与孔（槽）外的结构防水层保持连续。

3）固定模板用的螺栓必须穿过混凝土结构时，螺栓或套管应满焊止水环或翼环；采用工具式螺栓或螺栓加堵头做法，拆模后应采取加强防水措施将留下的凹槽封堵密实。

（6）密封材料的防水。

1）检查粘结基层的干燥程度以及接缝的尺寸，接缝内部的杂物应清除干净。

2）热灌法施工应自下向上进行并尽量减少接头，接头应采用斜槎；密封材料熬制及浇灌温度，应按有关材料要求严格控制。

3）冷嵌法施工应分次将密封材料嵌填在缝内，压嵌密实并与缝壁粘结牢固，防止裹入空气。接头应采用斜槎。

4）接缝处的密封材料底部应嵌填背衬材料，外露密封材料上应设置保护层，其宽度不得小于100mm。

4. 季节性施工质量检查

（1）不宜在气温低于5℃的情况下施工。

（2）夏季施工混凝土要覆盖浇水养护。

5. 成品保护

（1）保护好预埋穿墙管、电线管、电线盒、预埋铁件及止水片（带）的位置正确，并固定牢靠，防止振捣混凝土时碰动，造成位移、挤偏和表面铁件陷进混凝土内。

（2）在拆模和吊运其他物件时，应避免碰坏施工缝企口和损坏止水片（带）。

（3）后浇带混凝土施工前，后浇带部位和外贴式止水带应予以保护，严防落入杂物和损伤外贴式止水带。

（4）施工后应保护防水层不受振动和损坏。

第六章

# 模板工程施工质量检查控制要点

## 一、竹（木）胶合板模板安装

1. 施工作业条件检查

（1）地面已整平、夯实，混凝土强度已达到规定值，足够承载模板重量。

（2）已根据图纸要求放好轴线和模板边线，定好水平控制标高。柱、墙模板底边水泥砂浆找平层已抹好，校正柱子模板的地锚已预埋。

（3）墙、柱钢筋绑扎完毕，水电管及预埋件已安装，钢筋保护层垫块已绑好，并办完隐蔽工程验收手续。

（4）各施工缝接槎处混凝土已处理并清理干净。墙、柱施工缝严格按墙柱外边线剔凿，不得超出外边线。

2. 进场材料检验及复检

（1）质量员在施工前应注意材料在运输及存储过程中是否发生影响施工质量的变化，对于易变质材料还要注意是否在有效期内。

（2）竹（木）胶合板在运输、放置过程中应边角整齐、表面光滑，不得有脱胶、空鼓现象。

3. 过程质量控制与检查要点

（1）基础模板安装。

1）阶梯形独立基础。

①底层阶梯模板，要用斜撑和水平撑钉撑稳。

②检查拉杆是否稳固，基础模板几何尺寸和轴线位置应准确。

2）杯形独立基础。

①基础中心线位置及标高要准确。

②脚手板不得搁置在模板上。

③浇筑混凝土时，在芯模四周要对称均匀下料及振捣密实。

3）条形基础。

①模板应有足够的刚度、强度和稳定性，支模时垂直度要准确。

②模板上口应钉木带，以控制带形基础上口宽度，并拉水平通线，保证上口平直。

4）当基础模板采用竹（木）胶合板模板或木模板时，应先根据基础尺寸下料加工成形，木模板内侧应刨光。

（2）柱模板安装。

1）柱箍要求钉牢固。

2）成排柱模支模时，位置应准确。

3）四周斜撑要牢固。

4）竹（木）胶合板侧面应刨直、刨光，以保证柱四角拼缝严密。

5）柱上梁模板应连接牢固、严密。

（3）梁模板安装。

1）梁下支柱支撑在基土面上时，应对基土平整、夯实，并加木垫板或混凝土垫板等有效措施，确保混凝土浇筑过程中不会发生支撑下沉。

2）梁侧模必须有压脚板、斜撑，拉线通直后将梁侧钉固。

3）混凝土浇筑前，应将模内清理干净并浇水湿润。

（4）墙模板安装。

1）模板应垂直，穿墙螺栓要全部穿齐、拧紧。

2）模板清理干净，隔离剂涂刷均匀，拆模不能过早。

3）模板拼装时缝隙不可过大，连接措施应牢固。

4）门窗洞口模板的组装及固定要牢固，尺寸应准确，便于装拆。

5）墙体外侧模板（如外墙、电梯井、楼梯间等部位）下口宜包住下层混凝土100～200mm，以保证接槎平整，防止错台。

6）为了保证墙体的厚度正确，在两侧模板之间应设撑头。

7）为了防止浇筑混凝土时胀模，应采用对拉螺栓固定两侧模板。

（5）楼面模板安装。

1）底层地面应夯实，并铺垫脚板。采用多层支架支模时，支柱应垂直，上下层支柱应在同一竖向中心线上。

2）支架应牢固，模板梁面、板面应清扫干净。

3）楼板模板厚度要一致，格栅木料要有足够的强度和刚度，格栅面要平整。

4. 季节性施工质量检查

（1）模板保证支撑系统支在牢固、坚实的基础上，必要时加通长垫木并有排水措施，避免支撑下沉。柱及板墙模板留清扫口，以利排除杂物及积水。

（2）对各类模板加强防风紧固措施，尤其在临时停放时应考虑防止大风失稳。大风后要及时检查模板拉索是否紧固。

（3）涂刷水溶性脱模剂的模板防止脱模剂被雨水冲刷，保证顺利脱模和混凝土表面质量。

（4）冬期施工模板安装后应按冬期施工要求对模板进行保温。

5. 成品保护

（1）模板应按配模图编号，分类码放，且保证模板不扭曲、不变形。

（2）模板搬运时应轻拿轻放，不准碰撞柱、墙、梁、板等混凝土，以防模板变形和损坏结构。

（3）模板安装时不得随意在结构上开洞；穿墙螺栓通过模板时，应尽量避免在模板上钻孔；在砖墙上支圈梁模板时，防止剔凿梁底砖墙，以免造成松动；不得用重物冲击已安装好的模板及支撑。

（4）与混凝土接触的模板表面应认真涂刷脱模剂，不得漏涂，涂刷后如被雨淋，应补刷脱模剂。

（5）模板安装完毕后，应保持模内清洁，防止掉入砖头、砂浆、木屑等杂物。要防止在吊运其他材料的过程中发生遗撒或碰撞，造成模板内遗留杂物或导致其变形。

（6）在模板上进行钢筋、铁件等焊接工作时，必须用石棉板或薄钢板隔离。

6. 常见质量问题及防治

模板间接缝不应有间隙，混凝土浇筑时产生漏浆，混凝土表面出现蜂窝，严重的出现孔洞、露筋。

防治措施：

（1）严格控制木模板含水率，制作时拼缝要严密。

（2）木模板安装周期不宜过长，浇筑混凝土时木模板要提前浇水湿润，使其胀开密缝。

（3）梁、柱交接部位支撑要牢靠，拼缝要严密（必要时缝间加双面胶纸），发生错位要校正好。

## 二、定型组合钢模板安装

1. 施工作业条件检查

参见本章“一、竹（木）胶合板模板安装”相关内容。

2. 进场材料检验及复检

（1）质量员在施工前应注意材料在运输及存储过程中是否发生影响施工质量的变化，对于易变质材料还要注意是否在有效期内。

（2）组合钢模板板面应保持平整、不翘曲，边框应保持平直、不弯折。

3. 过程质量控制与检查要点

（1）基础模板安装。

1）基础施工时上部混凝土墙、柱结构的预留钢筋位置要准确。

2）迎水面模板的保护层厚度必须符合设计要求。

（2）柱模板安装。

1）模板下面应与楼板上放线位置对准。梁板柱节点几何尺寸应准确。

2）混凝土浇筑前柱模根部要用水泥砂浆堵严，防止跑浆。

3）柱模板支撑要牢固，防止施工时偏位。模板垂直度应符合要求。

4）柱模内应清理干净，封闭清理口。

（3）梁模板安装。

1）安装梁模板支柱前应先铺垫板，立柱支设在基土上时，垫通长脚手板。

2）当四面无墙时，每一开间内支柱应加设一道双向剪刀撑，保证支撑体系的稳定性。

3）支柱标高应符合设计要求。梁底模板拉线找直，模板位置应准确。

4）梁侧模板与梁底板固定牢固。

5）梁侧模板根部要楔紧，防止胀模漏浆。

6）梁中线、标高、断面尺寸应准确。安装后将梁模板内杂物清理干净。

（4）墙模板安装。

1）墙模板应对准地面放线位置。

2）门窗洞口模板与墙模接合处应加海绵条，防止漏浆。

3）组装模板时，要使两侧穿孔的模板对称放置，以使穿墙螺栓与墙模板保持垂直。

4）内外钢楞安装并校正垂直度后，再用支撑加固墙模板。

5）一面墙体模板按位置线就位后，应清扫墙内杂物再安另一侧模板。保证模板垂直并拧紧穿墙螺栓。模板上口应加水平楞，以保证模板上口水平向的顺直。

6）预留门窗洞口的模板应有锥度，安装要牢固，既不变形又便于拆除。

7）模板安装完毕后，检查模板扣件和螺栓是否紧固，模板拼缝是否严密。

8）混凝土浇筑前墙模板下面应采用水泥砂浆或海绵条等材料堵缝，防止漏浆。

（5）楼梯模板安装。

1）安装楼梯模板时要特别注意斜向支撑的固定，防止浇筑混凝土时模板移动。

2）平台梁位置、标高及斜板坡度应符合设计要求。

3）斜板侧面及踏步模板应支撑牢固，防止胀模造成上下层侧面不在一个平面或步高、步宽不均匀。

4）楼梯上下层不得错位，梯间、斜板及梯梁应方正，否则影响装饰工程施工。梯步高度应均匀一致，装修后楼梯相邻踏步高度差不得大于 10mm。

（6）楼板模板安装。

1）楼板模板支柱采用多层支架支模时，支柱应垂直，上下层支柱应在同一竖向中心线上。

2）大龙骨应找平，楼板跨度大于或等于 4m 时应按设计要求起拱，当设计无明确要求时，一般起拱高度为跨度的 0.1%～0.15%。

3）大龙骨悬挑部分应尽量缩短，避免出现较大变形。面板模板不得有悬挑，凡有悬挑部分，板下应垫小龙骨。

4）楼板模板铺完后，标高应准确，平整度应符合要求。

4. 季节性施工质量检查

定型组合钢模板在特殊（环境）情况下施工，可参考本章“一、竹（木）胶合板模板安装”中“4. 季节性施工质量检查”相关内容。

5. 成品保护

（1）定型组合钢模板安装工程的成品保护，可参考本章“一、竹（木）胶合板模板安装”中“5. 成品保护”相关内容。

（2）对于经检查合格的预组装模板，平行叠放时应稳当妥帖，避免碰撞，每层之间应加设垫木，模板与垫木均应上下对齐；立放时，必须采取措施防止倾倒。

6. 质量常见问题及防治

（1）出现柱身扭向超偏。

防治措施：柱模每边下口应采用两根定位筋，柱每边设两根拉杆（拉锚），浇筑完混凝土后，应再一次用线坠或经纬仪对柱子进行找直、找方，必要时进行微调。

（2）墙、柱模板出现胀模、厚度不匀。

防治措施：严格按照模板设计要求安装背楞、柱箍、对拉螺栓，柱截面较大时，应根据计算增设对拉螺栓，背楞宜采用整根杆件，接头应错开设置，搭接长度不应小于200mm。

（3）非标板处漏浆、尺寸偏差过大。

防治措施：拼缝木板应与模板厚度一致，应过刨，在现场裁切，拼缝应严密、紧固，背后应设置附加龙骨和支撑。

（4）梁模板出现胀模、截面尺寸不准。

防治措施：应根据设计和计算增设对拉螺栓，并在梁内设置支模棍，模板上口设拉杆锁紧，下口采用锁口方木或定型卡具卡牢。防止梁模板出现胀模、截面尺寸不准。

（5）梁柱、梁板等节点漏浆。

防治措施：施工前对节点部位应重点设计，绘出节点图，相临面粘贴海绵条，接缝外侧宜使用封口方木。

## 三、全钢大模板安装

1. 施工作业条件检查

参见本章第一节“竹（木）胶合板模板安装”相关内容。

2. 进场材料检验及复检

（1）质量员在施工前应注意材料在运输及存储过程中是否发生影响施工质量的变化，对于易变质材料还要注意是否在有效期内。

（2）按配模设计平面图及模板厂的出库清单，逐一核对模板的规格、型号及零部件的配置，对不符合设计要求及质量超标的模板应及时剔出，交供方处理。

（3）检查大模板的平整度、平直度，应符合要求。

（4）全模安装前应检查模板截面范围内是否清理干净。

3. 过程质量控制与检查要点

（1）大模板安装时根部和顶部要有固定措施。

（2）门窗洞口模板安装应按定位基准调整固定，保证混凝土浇筑时不位移。

（3）大模板支撑必须牢固、稳定，支撑点应设在坚固可靠处，不得与脚手架拉结。

（4）紧固对拉螺栓时应用力得当，不得使模板表面产生局部变形。

（5）模板间拼缝要平整、严密，不得漏浆。

（6）模板板面应清理干净，隔离剂涂刷应均匀，不得漏刷。

（7）内墙模板合模前，应检查墙体钢筋、水电管线、预埋件、门窗洞口模板和窗墙螺栓套管是否遗漏，位置是否准确，安装是否牢固，并清除模板内的杂物。

（8）内墙模板安装完毕后，应仔细检查扣件、螺栓是否紧固，模板拼缝是否严密，墙厚是否准确，角模与墙板拉结是否紧固。经检查合格后，方准浇筑混凝土。

（9）安装全现浇结构的悬挂外墙模板时，不得碰撞里模，以防止模板变位。

（10）安装外墙大模板之前，必须先安装好三角挂架和平台板。当螺栓在门窗洞口上侧穿过时，要防止碰坏已浇筑的混凝土。

4. 季节性施工质量检查

（1）全钢大模板在特殊（环境）情况下施工，可参考本章“一、竹（木）胶合板模板安装”中“4. 季节性施工质量检查”相关内容。

（2）对于全钢大模板，应按冬期施工方案要求，对全钢大模板采取保温措施，一般是采用嵌填50mm厚聚苯板。嵌填严密、固定牢固。

5. 成品保护

（1）模板搬运时应轻拿轻放，不准碰撞柱、墙、梁、板等混凝土，以防模板变形和结构损坏。

（2）模板安装时不得随意在结构上开洞；穿墙螺栓通过模板时，应尽量避免在模板上钻孔；在砖墙上支圈梁模板时，防止别凿梁底砖墙，以免造成松动；不得用重物冲击已安装好的模板及支撑。

（3）与混凝土接触的模板表面应认真涂刷脱模剂，不得漏涂，涂刷后如被雨淋，应补刷脱模剂。

（4）模板支好后，应保持模内清洁，防止掉入砖头、砂浆、木屑等杂物。

（5）搭设脚手架时，严禁与模板及支柱连接在一起。

（6）不准在吊模、桁架、水平拉杆上搭设跳板，以保证模板牢固、稳定、不变形。浇筑混凝土时，在芯模四周要均匀下料及振捣。

（7）不得在模板平台上行车及堆放大量材料和重物。

（8）大模板施工时混凝土浇筑速度小于 2m/h，在混凝土强度达到 7.5MPa 之前，不得提升平台到上一层。

模板提升时应保持水平、四点起吊，平台上严禁载人载物，起吊时，注意与墙体保持距离，以免碰坏墙体，损坏模板。

筒体混凝土初凝后即可提升筒模，防止停留时间过长而造成拆模困难。

铰接式筒体模板须防止折页处漏浆影响其转动，故支模前应先用胶带粘贴于折页处，以保护折页角模。

（9）在模板上进行钢筋、铁件等焊接工作时，必须用石棉板或薄钢板隔离。

6. 质量常见问题及防治

（1）混凝土墙底烂根。

防治措施：模板下口缝隙用木条、海绵条塞严实，或抹砂浆找平层，切忌将其伸入混凝土墙体位置内。

（2）墙面不平、粘连。

防治措施：墙体混凝土强度达到 1.2MPa 方可拆模板，清理大模板和涂刷隔离剂必须认真，要有专人检查验收，不合格的要重新刷涂。

（3）墙体垂直偏差。

防治措施：支模时要反复用线坠吊靠，支模完毕经校正后，如遇较大的冲撞，应重新校正，变形严重的大模板不得继续使用。

（4）墙面凸凹不平。

防治措施：加强模板的维修，每月应对模板检修一次。板面有缺陷时，应随时进行修理。不得用大锤或振捣器猛振大模板或用撬棍击打大模板。

（5）墙体钢筋移位。

防治措施：使用钢筋撑铁。

（6）墙体阴角不垂直，不方正。

防治措施：及时修理好模板，阴角处的钢板角模，支撑时要控制其垂直偏差，并且用顶铁加固，保证阴角模的每个翼缘必须有一个顶铁，阴角模的两侧边粘有海绵条，以防漏浆。

（7）墙体外角不垂直。

防治措施：加工大角模，使角部线条顺直，棱角分明。

（8）墙体厚度不一致。

防治措施：加工专用钢筋固定撑具，撑具内的短钢筋直接顶在大模板的竖向纵肋上。

## 四、模板拆除工程

1. 施工现场检查要点

（1）模板拆除顺序应根据相邻模板搭接关系确定或按设计要求进行，遵循先支的模板后拆、后支的模板先拆原则。

（2）现浇混凝土结构模板及其支架拆除时，混凝土强度应符合设计或相应规定的要求。

（3）对于大洞口底模拆除，混凝土的强度应符合设计要求及规范规定。拆模后，应及时进行支顶。

（4）墙体模板拆除时，应先对模板进行临时固定，然后松开对拉螺栓螺母、斜撑，拆除模板下口固定木楔，拆除横楞，随后再拆除对拉螺栓，使模板向后倾斜，与墙体脱开。

（5）多层楼板支柱拆除。上层楼板正在浇筑混凝土时，下一层楼板的模板支柱不得拆除，再下一层楼板模板的支柱，仅可拆除一部分；跨度为4m或4m以上的梁下均应保留支柱，支柱间距不得大于3m。

（6）模壳拆除。

1）拆模时禁止硬砸、硬撬，防止损坏模壳及损伤混凝土楼板。

2）已拆下的模壳应通过架子人工传递，禁止自高处往下扔。

3）拆下的模壳应及时清理干净，整齐排放。

（7）拆除过程中，不能硬砸、猛撬，模板坠落应采取缓冲措施，不应对楼层形成冲击荷载。

（8）拆除模板时严禁模板及其支架倾砸已浇筑的混凝土，以免对其形成冲击荷载，造成混凝土表面出现裂缝等损伤。

（9）拆除过程中，注意保护定型模板和组合钢模板不变形。

2. 季节性施工质量检查

（1）冬期施工。

1）模板和保温层在混凝土达到要求强度并冷却到5℃后方可拆除。拆模时混凝土温度与环境温度差大于20℃时，拆模后的混凝土表面应及时覆盖，使其缓慢冷却。

2）检查混凝土表面是否受冻，拆模是否粘连，有无受冻表面结冰或收缩裂缝，拆模时混凝土边角是否脱落，施工缝处有无受冻痕迹。发现不符之处，及时增加覆盖和调整施工安排。

（2）雨期施工。拆模后的所有混凝土构件表面要及时进行保湿养护，防止水分蒸发过快产生裂缝和降低混凝土强度。

3. 成品保护

（1）拆下的模板应及时清理干净，板面应涂刷隔离剂，以备下次使用。

（2）堆放已拆除模板的楼层混凝土应有足够的强度，拆除模板不应集中堆放，必要时应加临时支撑。

（3）对于拆下的模板，发现板面不平或边缘（肋边）损坏变形，应及时维修。模板侧边应补刷封口漆或补刷防锈漆。

（4）拆下的模板、支撑、加固件、连接材料分类堆放，并应控制码放高度。

第七章

# 钢筋工程施工质量检查控制要点

## 一、钢筋加工

1. 施工作业条件检查

（1）钢筋进场并按批号进行检验，各项指标符合现行国家标准要求。

（2）钢筋配料单审核签字完毕。

（3）按现场平面图设置钢筋加工场，场地平整，运输道路畅通。钢筋加工场按要求搭设防护棚。

2. 进场材料检验及复检

（1）质量员在施工前应注意材料在运输及存储过程中是否发生影响施工质量的变化，对于易变质材料还要注意是否在有效期内。

（2）钢筋应平直、无损伤，弯折钢筋不得敲直后作为受力钢筋使用。

3. 过程质量控制与检查要点

（1）除锈。

1）钢筋的表面应洁净。油渍、漆污和用锤敲击时能剥落的浮皮、铁锈等应在使用前清除干净。焊接前，焊点处的水锈应清除干净。

2）在除锈过程中钢筋表面氧化铁皮鳞落现象严重并已损伤钢筋截面，或在除锈后钢筋表面有严重的麻坑、斑点锈蚀截面时，应将钢筋降级使用或剔除不用。

（2）调直。钢筋应平直，无局部弯曲。

（3）切断。

1）切断过程中，如发现钢筋有劈裂、缩头或严重的弯头等必须切除。

2）用于在墙体模板内起顶模作用的顶棍，端头用无齿锯切割并刷防锈漆。

（4）弯曲成型。钢筋成型形状要正确，平面上不应有翘曲不平现象；弯曲点处不能有裂缝。

4. 季节性施工质量检查

（1）冬期施工。钢筋在运输和加工过程中应防止撞击和刻痕。

（2）雨期施工。连接套筒和锁母在运输、储存过程中均应妥善保护，避免雨淋、沾污、遭受机械损伤或散失。冷轧带肋钢筋需入库存放或采取防止雨淋措施。

5. 成品保护

（1）加工成型的钢筋或骨架应分别按结构部位、钢筋编号和规格等，挂牌标识，整齐堆放，并保持钢筋表面洁净，防止被油渍、泥土或其他杂物污染或压弯变形。

（2）预制成型的钢筋运到现场指定地点分构件规格垫平堆放，并避免淋雨。

## 二、钢筋电渣压力焊接连接

1. 施工作业条件检查

（1）检查现场电源是否满足机械施工要求。

（2）根据钢筋牌号、直径、接头型式和焊接位置，检查焊接参数是否符合要求。

2. 进场材料检验及复检

（1）检查钢筋的直径、级别是否符合设计要求。

（2）钢筋应平直、无损伤，表面不得有裂纹、油污、颗粒状或片状老锈。

（3）焊剂型号正确。

（4）焊剂不得受潮，若受潮，使用前需经250℃烘焙2h。

3. 过程质量控制与检查要点

（1）焊接夹具应有足够的刚度，在最大允许荷载下应移动灵活，操作方便。钢筋夹具的上下钳口应夹紧于上、下钢筋上；钢筋一经夹紧，不得晃动。

（2）焊剂筒的直径与所焊钢筋直径相适应，以防在焊接过程中烧坏。电压表、时间显示器应配备齐全，以便操作者准备掌握各项焊接参数；检查电源电压，当电源电压降大于5%，则不宜焊接。

（3）接头焊毕，应停歇20～30s后，方可回收焊剂和卸下夹具，并敲去渣壳，四周焊包应均匀，凸出钢筋表面的高度应大于或等于4mm。

（4）电渣压力焊接头质量要求。

1）四周焊包应均匀，凸出钢筋表面的高度不应小于4mm。

2）钢筋与电极接触处，应无烧伤缺陷。

3）接头处钢筋轴线的偏移不得超过钢筋直径的0.1倍，且不得大于2mm。

4）接头处的弯折角不得大于3°。

4. 季节性施工质量检查

（1）电渣压力焊可在负温条件下进行，但当环境温度低于－20℃时，则不宜施焊。

（2）雨天、雪天不宜施焊，必须施焊时，应采取有效的遮蔽措施。焊后未冷却的接头，应避免碰到冰雪。

（3）雨、雪、风力六级以上天气不得露天作业。雨、雪后应清除积水、积雪后方可作业。

5. 成品保护

焊接后的钢筋过高时，应采取临时固定措施，以防钢筋弯折。

## 三、钢筋闪光对焊连接

1. 施工作业条件检查

（1）检查现场电源是否满足机械施工要求。

（2）根据钢筋牌号、直径、接头形式和焊接位置，检查焊接参数是否符合要求。

2. 进场材料检验及复检

（1）检查钢筋的直径、级别是否符合设计要求。

（2）钢筋应平直、无损伤，表面不得有裂纹、油污、颗粒状或片状老锈。

3. 过程质量控制与检查要点

（1）对焊前，应清除钢筋与电极表面的锈皮和污泥，使电极接触良好，以避免出现“打火”现象。

（2）不同直径的钢筋对焊时，其直径之比不宜大于1.5；同时，除了应按大直径钢筋选择焊接参数处，还应减小大直径钢筋的调伸长度，或利用短料先将大直径钢筋预热，以使两者在焊接过程中加热均匀，保证焊接质量。

（3）一般闪光速度开始时近于0，而后约1mm/s，终止时约1.5～2mm/s；顶锻速度开始的0.1s应将钢筋压缩2～3mm，而后断电并以6mm/s的速度继续顶锻至结束；顶锻压力应足以将全部的熔化金属从接头内挤出。

（4）钢筋端头如有起弯或成马蹄形时不得进行焊接，必须调直或切除。

（5）钢筋端头120mm范围内的铁锈、油污，必须清除干净。

（6）焊接过程中，粘附在电极上的氧化铁要随时清除干净。

（7）接头处不得有横向裂纹。

（8）与电极接触处的钢筋表面，不得有明显烧伤。

（9）接头处的弯折角不得大于3°。

（10）接头处的轴线偏移，不得大于钢筋直径的0.1倍，且不得大于2mm。

4. 季节性施工质量检查

闪光对焊可在负温条件下进行；但当环境温度低于－20℃时，不宜施焊。雨天、雪天不宜在现场施焊；必须施焊时，应采取有效遮蔽措施。焊后未冷却的接头不得碰到冰雪。在现场进行闪光对焊时，当风速超过7.9m/s时，应采取挡风措施。在环境温度低于－5℃的条件下进行闪光对焊时，宜采用预热闪光焊或闪光—预热—闪光焊工艺，焊接参数的选择，与常温焊接相比，可采取下列措施进行调整：

（1）增加调伸长度；

（2）采用较低焊接变压器级数；

（3）增加预热次数和间歇时间。

## 四、钢筋电弧焊接连接

1. 施工作业条件检查

（1）检查现场电源是否满足机械施工要求，焊接地线应与钢筋接触良好。

（2）根据钢筋牌号、直径和焊接位置，检查焊接接头形式、焊条牌号及直径、焊机及工具、焊接参数、焊接工艺等是否符合要求。

（3）预埋件的钢材不得有裂缝、锈蚀、斑痕、变形。

2. 进场材料检验及复检

（1）检查钢筋的直径、级别符合设计要求。

（2）钢筋应平直、无损伤，表面不得有裂纹、油污、颗粒状或片状老锈。

（3）焊条药皮应无裂缝、气孔、凹凸不平等缺陷，不得有肉眼可见的偏心度。

（4）焊条不得受潮，应按说明书要求烘干、保温后方可使用。

3. 过程质量控制与检查要点

（1）帮条焊。

1）帮条焊时，两主筋端面的间隙应为2～5mm。

2）焊接地线与钢筋应接触紧密。

3）帮条焊接头的焊缝厚度$h$不应小于主筋直径的0.3倍，焊缝宽度$b$不应小于主筋直径的0.8倍。

（2）搭接焊。

1）搭接焊时，焊接端钢筋应预弯，并应使两钢筋的轴线在同一直线上。

2）钢筋搭接焊接头的焊缝厚度、宽度要求同帮条焊。

（3）预埋件T形接头电弧焊。

1）钢板厚度$\delta$不宜小于钢筋直径的0.6倍，且不应小于6mm。

2）施焊中，不得使钢筋咬边和烧伤。

（4）坡口焊。

1）坡口面应平顺，切口边缘不得有裂缝、钝边、缺棱。

2）焊缝根部、坡口端面以及钢筋与钢板之间均应熔合。钢筋与钢垫板之间，应加焊2～3层侧面焊缝。

3）当发现接头中有弧坑、气孔及咬边等缺陷时，应立即补焊。

（5）焊缝表面应光滑，焊缝余高应平缓过渡，弧坑应填满。

（6）焊接过程中应有足够的熔深。主焊缝与定位焊缝应结合良好，避免气孔、夹渣和烧伤缺陷，并防止产生裂缝。

（7）电弧焊接头质量要求。

1）焊接表面平整，不得有凹陷或焊瘤。

2）焊接接头区域内不得有肉眼可见裂纹。

3）咬边深度、气孔、夹渣等缺陷允许值及接头尺寸的允许偏差，应符合检验标准规定。

4）坡口焊接头的焊缝余高不得大于3mm。

4. 季节性施工质量检查

（1）在环境温度低于−5℃的条件下进行焊接时，为钢筋低温焊接。低温焊接时，除遵守常温焊接的有关规定外，应调整焊接工艺参数，使焊缝和热影响区缓慢冷却。风力达到四级以上时，应有挡风措施。当环境温度低于−20℃时，不宜进行各种焊接。

（2）钢筋负温帮条焊或搭接焊应符合下列要求。

1）帮条与主筋之间应用四点定位焊固定，搭接焊时应用两点固定。定位焊缝与帮条或搭接端部的距离应等于或大于20mm。

2）帮条焊的引弧应在帮条钢筋的一端开始，收弧应在帮条钢筋端头上，弧坑应填满。

3）焊接时，第一层焊缝应具有足够的熔深，主焊缝或定位焊缝应熔合良好。

4）帮条接头或搭接接头的焊缝厚度不应小于钢筋直径的 0.3 倍，焊缝宽度应不小于钢筋直径的 0.7 倍。

（3）钢筋负温坡口焊应符合下列要求：焊缝根部、坡口端面以及钢筋与钢垫板之间应熔合良好，焊接过程中经常除渣；加强焊缝的宽度应超过 V 形坡口边缘 2～3mm，高度应超过 V 形坡口上下边缘 2～3mm，并应平缓过渡至钢筋表面；加强焊缝的焊接，应分两层控温施焊。

（4）HRB335、HRB400 钢筋电弧焊接头进行多层施焊时，采用"回火焊道施焊法"，即最后回火焊道的长度比前层焊道在两端各缩短 4～6mm，如图 7-1 所示，以消除或减少前层焊道及过热区的碎硬组织，改善接头的性能。

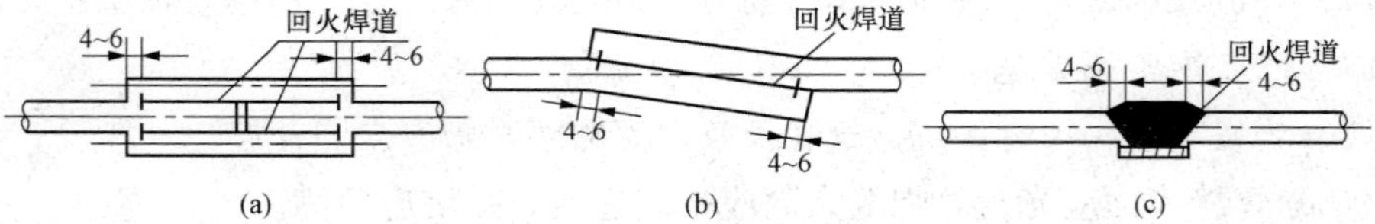


图 7-1　钢筋负温焊接回火焊道示意图

（a）帮条焊；（b）搭接焊；（c）坡口焊

5. 成品保护

钢筋焊接时，应注意保护已绑扎成型的钢筋骨架，不得随意拆改。雨雪天施工时注意未冷却的接头，应避免碰到冰雪。

## 五、带肋钢筋径向挤压连接

1. 施工作业条件检查

（1）检查现场电源是否满足机械施工要求。

（2）根据钢筋牌号、直径，检查钢套筒的材质、规格以及压接设备、压模，确定压模变形量这一关键的工艺参数，包括压痕最小直径和压痕总宽度。

（3）挤压前应做好如下工作：

1）钢筋端部要平直，如有弯折，必须予以矫直；钢筋的连接端和套管内壁严禁有油污、铁锈、泥砂混入，套管接头外边不得有油脂。连接带肋钢筋不得砸平花纹。

2）钢套筒的几何尺寸及钢筋接头位置必须符合设计要求，套筒表面不得有裂缝、折叠、结疤等缺陷，以免影响压接质量。钢筋与套筒应进行试套，如钢筋有马蹄、弯折，或纵肋尺寸过大者，应预先矫正或用砂轮打磨，不同直径钢筋的套筒不得串用。

3）钢筋端部应画出明显定位标记与检查标记，定位标记与钢筋端头的距离为钢套筒长度的1/2，检查标记与定位标记的距离一般为20mm。确保在挤压时和挤压后，可按定位标记检查钢筋伸入套筒内的长度。

4）检查挤压设备情况并进行试压，符合要求后方可作业。

2. 进场材料检验及复检

（1）检查钢筋的直径、级别，应符合设计要求。

（2）钢筋应平直、无损伤，表面不得有裂纹、油污、颗粒状或片状老锈。

（3）检查套筒的几何尺寸，应符合要求。

（4）套筒表面不得有裂缝、折叠和结疤等缺陷。套筒保护盖齐全，规格标记明显。

3. 过程质量控制与检查要点

（1）应按挤压标记检查钢筋插入套筒内深度，钢筋端头离套筒长度中点不宜超过10mm。

（2）挤压时挤压机与钢筋轴线应保持垂直。

（3）压接钳施压顺序由钢套筒中部顺次向端部进行。

（4）钢筋挤压连接宜先在地面上挤压一端套筒，在施工作业区插入待接钢筋后再挤压另端套筒。

（5）柱子钢筋接头要高出混凝土面1m，以利钢筋挤压连接有一定的操作空间。

4. 成品保护

冷挤压套筒在运输和储存时，应按不同规格分别码放，不得露天堆放，防止锈蚀和污染。

## 六、镦粗直螺纹钢筋套筒连接

1. 施工作业条件检查

（1）检查现场电源是否满足机械施工要求。

（2）根据钢筋牌号、直径、冷镦机性能及镦粗后的外形效果，检查钢套筒的材质、规格，并应确定镦粗压力。

2. 进场材料检验及复检

（1）检查钢筋的直径、级别，应符合设计要求。

（2）钢筋应平直、无损伤，表面不得有裂纹、油污、颗粒状或片状老锈。

（3）检查套筒的几何尺寸，应符合要求。

3. 过程质量控制与检查要点

（1）钢筋下料。钢筋下料时，切口的端面应与轴线垂直，不得有马蹄形或挠曲。

（2）端头镦粗。操作中要保证镦粗头与钢筋轴线倾斜不得大于3°，不得出现与钢筋轴线相垂直的横向裂缝。发现外观质量不符合要求时，应及时割除，重新镦粗。

（3）螺纹加工。钢筋螺纹应牙形饱满，无断牙、秃牙等缺陷。

（4）镦粗直螺纹连接。

1）钢筋连接时连接套规格与钢筋规格必须一致，外露丝扣不得超过一个完整扣。连接之前，应检查钢筋螺纹及连接套螺纹是否完好无损。

2）镦粗头的基圆直径应大于丝头螺纹外径，长度应大于1.2倍套筒长度，过渡段坡度应不大于1∶3。

3）镦粗头不得有与钢筋轴线相垂直的横向表面裂纹。

4）不合格的镦粗头，应切去后重新镦粗。不得对镦粗头进行二次镦粗。

5）单向拉伸试验应符合国家现行标准规定。

## 七、钢筋绑扎安装

1. 施工作业条件检查

（1）钢筋绑扎前，应检查有无锈蚀，若有则除锈之后再运至绑扎部位。

（2）根据弹好的外皮尺寸线，检查下层预留搭接钢筋的位置、数量、长度，如不符合要求时，应进行处理。

（3）根据标高检查下层伸出搭接筋处的混凝土表面标高（柱顶、墙顶）是否符合图纸要求，如有松散不实之处，要剔除并清理干净。

（4）模板安装完并办理预检，将模板内杂物清理干净。

（5）下层伸出的搭接筋，应将锈蚀、水泥砂浆等污垢清除干净。

2. 进场材料检验及复检

（1）钢筋应平直、无损伤，表面不得有裂纹、油污、颗粒状或片状老锈。

（2）加工成形钢筋：必须符合配料单的规格、尺寸、形状、数量，外加工钢筋还应有半成品钢筋出厂合格证。

（3）保护层控制材料：混凝土垫块（用细石混凝土制作）、塑料卡等。

3. 过程质量控制与检查要点

（1）基础钢筋绑扎。

1）钢筋网的绑扎。受力钢筋不得位移。双向主筋的钢筋网，须将全部钢筋相交点扎牢。相邻绑扎点的铁丝扣要成八字形，以免网片歪斜变形。

2）钢筋的弯钩应朝上，不要倒向一边；双层钢筋网的上层钢筋弯钩应朝下。

3）独立柱基础为双向弯曲，其底面短边的钢筋应放在长边钢筋的上面。

4）现浇柱与基础连接用的插筋，其箍筋应比柱的箍筋缩小一个柱筋直径，插筋位置一定要固定牢靠，以免造成柱轴线偏移。

5）施工中要保证钢筋保护层厚度准确，双排钢筋要保证上下两排筋的距离。

6）钢筋接头位置及接头面积百分率要符合设计及施工验收规范要求。

7）钢筋布放位置要准确，绑扎要牢固。

8）大型设备基础钢筋安装。钢筋绑扎不得有错漏或间距不符、绑扎不牢等现象；基坑内积水、污泥、垃圾或有粘在钢筋上的泥土，应清除干净。

（2）框架结构钢筋绑扎。

1）柱钢筋绑扎。

①柱预留钢筋位置应符合设计要求。

②采用绑扎形式立柱子钢筋，在搭接长度内绑扣不少于 3 个，绑扣要向柱中心。

③箍筋与主筋要垂直并紧密贴实，箍筋转角处与主筋交点均要绑扎，主筋与箍筋非转角部分的相交点成梅花形交错绑扎。

④箍筋的弯钩叠合处应沿柱筋交错布置，并绑扎牢固。

⑤钢筋保护层应符合设计要求，垫块应绑扎在柱筋外皮。

2）梁钢筋绑扎。

①框架梁上部纵向钢筋应贯穿中间节点，梁下部纵向钢筋伸入中间节点锚固长度、伸过中心线的长度及梁纵向钢筋在端节点的锚固长度应符合设计和规范要求。

②箍筋在叠合处的弯钩，在梁中应交错绑扎，箍筋弯钩为 135°，平直部分长

度为 $10d$，做成封闭箍时，单面焊缝长度为 $10d$。

③在主次梁所有接头末端与钢筋弯折出的距离，不得小于钢筋直径的10倍。

3）墙钢筋绑扎。

①墙筋为双向受力钢筋，所有钢筋交叉点应逐点绑扎，其搭接长度及位置要符合要求。

②应在门窗洞口竖筋上画出标高线，以保证门窗洞口标高位置准确。

③剪力墙筋应逐点绑扎，双排钢筋之间应绑拉筋或支撑筋。

4）板钢筋绑扎。

①板为双层钢筋时，两层钢筋之间必须加钢筋马凳，以确保上部钢筋位置。负弯矩钢筋每个相交点均要绑扎。

②板的钢筋网绑扎应注意板上部的负筋，要防止被踩下；特别是雨篷、挑檐、阳台等悬臂板，要严格控制负筋位置，以免拆模后断裂。

（3）剪力墙结构墙体钢筋绑扎。

1）强筋为双向受力钢筋，所有钢筋交叉点应逐点绑扎，其锚固长度搭接长度及错开要求应符合工程一览表的要求。

2）严格执行钢筋“七不绑”要求。

①未放4条线（墙柱皮线、模板外、50mm控制线）不绑。

②未清除混凝土接槎部位全部浮浆到露石子不绑。

③未清理污筋不绑。

④未检查偏位筋不绑。

⑤偏位筋未按1∶6调正不绑。

⑥甩槎筋长度、错开百分比、错开长度不合格不绑。

⑦接头质量不合格不绑。

3）钢筋保护层垫块不得绑在钢筋十字交叉点上。

（4）砌筑工程构造柱、圈梁钢筋绑扎。

1）构造柱钢筋绑扎。

①放置竖筋时，柱脚始终朝一个方向，竖筋超过4根时，应错开放置。

②箍筋与受力钢筋保持垂直；箍筋弯钩叠合处，应沿受力钢筋方向错开放置。箍筋绑扎应水平、稳固。

2）圈梁钢筋绑扎。

①箍筋弯钩叠合处，应沿圈梁主筋方向互相错开设置。

②圈梁钢筋应互相交圈，在内外墙交接处、墙大角转角处的锚固长度均要符

合设计和规范要求。

③构造柱伸出筋与圈梁钢筋应绑扎牢固，伸出筋处应绑一道定位箍筋，以防止伸出钢筋位移。

（5）冷轧带肋钢筋网安装。

1）严格按布置图的网片编号进行安装，保证安装位置准确。

2）楼板网片钢筋伸入支座处的锚固长度及两块钢筋网片的搭接长度必须符合设计要求及施工规范的规定。

3）所有埋件不得和钢筋网片上的钢筋直接进行焊接。

4）绑扎门窗洞口处加固筋，要求位置准确。

5）钢筋网最外边钢筋上的交叉点不得开焊。钢筋表面应保持清洁。

4. 成品保护

（1）柱子钢筋绑扎后，不准踩踏。

（2）楼板的弯起钢筋、负弯矩钢筋绑好后，不准在上面踩踏行走。浇筑混凝土时派钢筋工专门负责修理，保证负弯矩筋位置的正确性。

（3）绑扎钢筋时，禁止碰动预埋件及洞口模板。

（4）钢模板内面涂隔离剂时，不得污染钢筋。

（5）构造柱、圈梁及板缝钢筋如采用预制钢筋骨架时，应在现场指定地点垫平堆放。往楼板上临时吊放钢筋时，应清理好存放地点，垫平放置，以免变形。

5. 质量常见问题及防治

（1）骨架外形尺寸不准，在模板外绑扎的钢筋骨架，入模时放不进去，或划刮模板。

防治措施：将导致骨架外形尺寸不准的个别钢筋松绑，重新整理安装绑扎。切忌用锤子敲击，以免骨架其他部位变形或松扣。

（2）绑好的钢筋网片在搬移、运输或安装过程中发生歪斜、扭曲。

防治措施：将斜扭网片正直过来并加强绑扎，紧固结扣，增加绑点或加斜拉筋。

（3）同一连接区段内接头过多。

防治措施：在钢筋骨架未绑扎时，发现接头数量不符合规范要求，应立即通知配料人员重新考虑设置方案；如果已绑扎或安装完钢筋骨架后才发现，则根据具体情况处理，一般情况下应拆除骨架或抽出有问题的钢筋返工。如果返工影响工时或工期太长，则可采用加焊帮条（个别情况下，经过研究，也可以采用绑扎帮条）的方法解决，或将绑扎搭接改为电弧焊搭接。

(4) 露筋。

防治措施：范围不大且轻微露筋可用灰浆堵抹；露筋部位附近混凝土出现麻点的，应沿周围敲开或凿掉，直至看不到孔眼为止，然后用砂浆抹平。为保证修复灰浆或砂浆与混凝土接合可靠，原混凝土面要用水冲洗并用铁刷子刷净，使表面没有粉层、砂粒或残渣，并在保持表面湿润的情况下补修。重要受力部位的露筋应经过技术鉴定后，根据露筋严重程度采取措施补救，以封闭钢筋表面（采用树脂之类材料涂刷）防止其锈蚀为前提，影响构件受力性能的应对构件进行专门加固。

(5) 箍筋间距不一致。

防治措施：如箍筋已绑扎成钢筋骨架，则根据具体情况，适当增加一根或两根箍筋。

(6) 绑扎搭接接头松脱。

防治措施：将松脱的接头再用钢丝绑紧。如条件允许，可用电弧焊焊上几点。

(7) 梁箍筋被压弯。

防治措施：将箍筋被压弯的钢筋骨架临时支上，补充纵向构造钢筋和拉筋。

(8) 钢筋遗漏。

防治措施：漏掉的钢筋要全部补上。对于构造简单的骨架，将所遗漏钢筋放进骨架，即可继续绑扎；对于构造比较复杂的骨架，则要拆除其内的部分钢筋才能补上。对于已浇筑混凝土的结构物或构件，如果发现某号钢筋遗漏，则要通过结构性能分析来确定处理方案。

(9) 骨架歪斜。

防治措施：根据钢筋骨架歪斜状况和程度进行修复或加固。

## 八、预应力筋制作与安装

1. 施工作业条件检查

(1) 预应力筋的制作场地已平整，无积水。

(2) 预应力筋在运输过程中应用油布遮盖，避免预应力筋腐蚀和锈蚀。存放时应架空堆放在有遮盖的棚内或仓库内。

2. 进场材料检验及复检

质量员在施工前应注意材料在运输及存储过程中是否发生影响施工质量的变

化，对于易变质材料还要注意是否在有效期内。

（1）预应力筋使用前应进行外观检查，其质量应符合下列要求：

1）有粘结筋展开后应平顺、不得有弯折，表面不应有裂纹、小刺、机械损伤、氧化铁皮和油污等。

2）无粘结预应力筋护套应光滑、无裂缝，无明显折皱。

（2）预应力混凝土用金属螺旋管在使用前应进行外观检查，其内外表面应清洁，无锈蚀，不应有油污、孔洞和不规则的折皱，咬口不应有开裂或脱扣。

3. 过程质量控制与检查要点

（1）预应力筋制作。

1）预应力筋的下料长度应严格控制，以确保预应力均匀一致。

2）钢丝镦头尺寸应不小于规定值，头形应圆整、端正；不允许裂纹长度延伸至钢丝母材或出现斜裂纹或水平裂纹。

3）钢绞线压花锚成形时，表面应清洁、无油污，梨形头尺寸和直线段长度应符合设计要求。

（2）后张法有粘结预应力筋安装。

1）后张法有粘结预应力筋预留孔道。

①孔道的尺寸与位置应正确，孔道应平顺，接头不漏浆，端部预埋钢板应垂直于孔道中心线等；孔径必须符合设计要求，其孔道位置偏差不得大于 3mm。

②预留孔道的定位应牢固，浇筑混凝土时不应出现位移和变形。

③成孔用管道应密封良好，接头应严密且不得漏浆。

2）束形控制点的竖向位置偏差应符合要求。

3）为避免模板隔离剂沾污预应力筋，影响预应力筋与混凝土的粘结力，施工时应选用非油脂类隔离剂。如预应力筋被污染应立即清洗干净。

4）后张法有粘结预应力筋穿筋前，应检查预应力筋（或束）的规格、总长是否符合要求。穿筋时，预应力筋或钢丝束应按顺序编号，并套上穿束器。

（3）后张法无粘结预应力筋铺设。

1）无粘结筋绑扎前应检查预应力筋塑料护套有无损坏和线形是否顺直。

2）当集束配置多根无粘结预应力筋时，应保持平行走向，防止相互扭绞。

3）无粘结预应力筋定位应牢固，浇筑混凝土时不应出现位移和变形，端部预埋垫板应垂直于预应力筋，内埋式固定端垫板不应重叠，锚具与垫块应贴紧。

4）无粘结预应力筋固定端，应绑扎牢固，不得相互重叠放置。

（4）先张法预应力筋的铺设。长线台座的台面（或胎模）在铺放钢丝前应涂隔离剂。隔离剂不应沾污钢丝，以免影响钢丝与混凝土的粘结。

4. 成品保护

（1）预应力筋的制作场地应平整、无积水，避免污染或损坏预应力筋。

（2）预应力筋应按不同规格分类成捆、成盘挂牌，堆放整齐。露天堆放时，需覆盖雨布，下面应加垫木。

（3）预应力筋在储存、运输和安装过程中，应采取防止锈蚀及损坏措施。供现场张拉使用的锚夹具，需涂油包封在室内存放，严防锈蚀。

（4）预应力筋安装后，要避免踏踩，以免变形和位移。

5. 质量常见问题及防治

预应力混凝土结构施工阶段裂缝。

防治措施：

（1）预应力混凝土大梁的模板支撑如在张拉前被误拆或已松动，应迅速重新支撑或顶紧。对楼面活载较小、每层施工速度较快的预应力混凝土楼盖结构，应经过施工验算，必要时在下层增设二次支撑。对地面活载特大的大面积预应力混凝土平板，因施工流水及多跨预应力筋交叉布置需要，经施工验算，也可先张拉部分预应力筋后拆除模板及支撑。

（2）对高预应力度的混凝土梁，首批张拉时应测定反拱值，并检查该梁及周围构件的裂缝情况。如多跨预应力混凝土连续梁张拉锚固后，发现梁的反拱比常规大，梁支座处侧面下部出现多条裂缝，应重新验算，降低张拉力，以保安全。

（3）对于预应力混凝土结构施工阶段已产生的裂缝，凡裂缝宽度超过 0.1mm，都要进行修补。

## 九、预应力筋张拉与放张

1. 施工作业条件检查

（1）预应力筋张拉或放张时混凝土强度应达到设计要求。

（2）预应力筋加工、配置已完成。

（3）如后张法构件为了搬运等需要，提前施加一部分预应力，使梁体建立较低的预压应力，以承受自重荷载，则混凝土的立方体强度不应低于设计强度等级的 60%。

2. 进场材料检验及复检

构件端部预埋钢板与锚具接触处的焊渣、毛刺、混凝土残渣等，已清除干净。

3. 过程质量控制与检查要点

(1) 预应力筋采用先张法张拉时要确保台座稳定性，不得倾覆和滑动。铺放预应力筋时，应防止隔离剂沾污预应力筋。

(2) 安装张拉设备时，直线预应力筋，应使张拉力的作用线与孔道中心线重合；曲线预应力筋，应使张拉力作用线与孔道中心线末端的切线重合。

(3) 有粘结预应力筋张拉时应整束张拉，使其各根预应力筋同步受力，应力均匀。

(4) 预应力筋张拉和放张时，混凝土强度应符合设计要求。当设计无要求时，不应低于设计的混凝土立方体抗压强度标准值的75%。

(5) 张拉过程中预应力钢材（钢丝、钢筋或钢绞线）断裂或滑脱的数量，对后张法构件，严禁超过结构同一截面预应力钢材总根数的3%，并且一束钢丝只允许一根；对先张法构件，严禁超过结构同一截面预应力钢材总根数的5%，并且严禁相邻两根断裂或滑脱，浇筑混凝土前，发生断裂或滑脱的预应力钢材必须更换。

(6) 先张法预应力筋张拉后与设计位置的偏差不得大于5mm，并且不得大于构件截面最短边长的4%。

4. 成品保护

预应力筋张拉锚固后，及时灌浆或封端，确保封闭严密，防止水汽侵入而使锚具及预应力筋锈蚀。

5. 质量常见问题及防治

(1) 预应力粗钢筋的断筋处理（举例说明）。

某大桥连续箱梁竖向预应力粗钢筋两端用滚丝机轧出螺纹。其下端用螺母锚固在箱梁底部。在施工过程中，有少数预应力钢筋自上部螺纹处断裂，无法再用螺母锚固。

防治措施：在断筋处凿出深约10cm的坑，安装一个专门制作的带外螺纹的夹片锚具，利用带撑脚的YC60型千斤顶，用连接套筒拧的锚具上进行张拉，然后用开口垫片锚固，为了增加预应力粗钢筋与夹片的摩擦力，将粗钢筋套上丝扣。

(2) 钢绞线束张拉时的滑丝处理（举例说明）。

某厂房双跨预应力混凝土大梁配置4束$7\Phi^{S}15.24$钢绞线束，采用群锚体系锚固。一端张拉，另一端补拉。其中，有一束张拉力达到50%以上时，听到响声，经检查无异常现象，继续张拉至100%力并进行锚固，但张拉伸长值偏大，再到固定端检查发现有1根钢绞线缩进，几乎无力。

防治措施：

1）张拉端拉力已在100%，即6根钢绞线承担7根钢绞线拉力，$\sigma_{con}=0.816f_{ptk}$，略超上限。

2）固定端补拉时，更换所滑钢绞线的夹片，并用前卡式千斤顶单根张拉，其拉力适当减少（出于安全考虑）；然后，用群锚千斤顶张拉6根钢绞线，其拉力适当增大，使总张拉力达到等值要求。

（3）无粘结钢绞线内埋式固定端滑丝处理（举例说明）。

某工程看台悬臂梁内埋式固定端采用多根夹片锚具，张拉时固定端钢绞线滑丝。原因是夹片锚具在浇筑混凝土时由于振动器的振动会使夹片松动，导致水泥浆渗入，无法将钢绞线夹紧。

防治措施：在内埋式固定端的梁腹上开孔，取出锚具洗净后，重新安装；对已滑至锚板后的钢绞线采用千斤顶反推法，使其恢复到原来的设计位置；然后，用前卡式千斤顶单根张拉到位；最后，对凿掉部分用细石混凝土封补。

# 第八章 混凝土工程施工质量检查控制要点

## 一、混凝土搅拌与运输

1. 进场材料检验及复检

质量员在施工前应注意材料在运输及存储过程中是否发生影响施工质量的变化，对于易变质材料还要注意是否在有效期内。

（1）水泥外观和细度应符合要求，不得使用过期水泥。

（2）砂质洁净、无污染，无草根、草皮等杂物。

（3）石子要求石粉少，表面无石粉堆积。

（4）预拌混凝土使用前的坍落度应符合要求。

2. 过程质量控制与检查要点

（1）混凝土搅拌。

1）每盘搅拌好的混凝土要卸净后再投入拌合料，搅拌下一盘混凝土，不得采取边出料、边进料的方法搅拌。

2）严格控制水灰比和坍落度。

3）混凝土搅拌时的装料顺序是石子—水泥—砂。

4）控制搅拌时间；观察拌合物的颜色是否一致，搅拌是否均匀；和易性和坍落度是否符合要求等。

5）当用液体外加剂时，应经常搅拌，使其浓度均匀一致，防止沉淀。

（2）混凝土运输。

1）混凝土运输到浇筑地点，应符合混凝土浇筑时规定的坍落度。

2）混凝土运至浇筑地点后，应不离析、不分层，组成成分不发生影响施工质量的变化，并保证混凝土施工所需的工作性能。

3）混凝土泵送。

①不得采用人工拌制的混凝土泵送。

②混凝土泵设置处，应场地平整、坚实，道路畅通，供料方便，距离浇筑地点近。

③输送管应使用无龟裂、无凹凸损伤、无弯折的管段。

④泵管内被清洗的混凝土禁止用于工程中。

3. 季节性施工质量检查

(1) 拌制混凝土所采用的骨料应清洁，不得含有冰、雪、冻块及其他冻裂物质。在掺用含钾、钠离子的防冻剂混凝土中，不得采用活性骨料或在骨料中混有这类物质的材料。

(2) 掺用防冻剂的混凝土，当室外最低温度不低于－15℃时，混凝土受冻临界强度不得低于4.0MPa；当室外最低气温为－15～－30℃时，混凝土受冻临界强度不得低于5.0MPa。

(3) 水泥不得直接加热，使用前宜运入暖棚内存放；砂加热应在开盘前进行，并应掌握各处加热均匀。

## 二、混凝土浇筑施工

1. 施工作业条件检查

(1) 浇筑混凝土层、段的模板、钢筋、预埋件及管线等全部安装完毕，经验收符合设计要求，钢筋、预埋件及预留洞口已经做好隐蔽验收，标高、轴线、模板等已进行技术复核，并有完备的签字手续。

(2) 检查并清理模板内残留杂物，用水冲净。浇筑混凝土用的架子及马道经检查合格。柱子模板的扫除口在清除杂物及积水后封闭完毕。

(3) 模板内的垃圾、泥土等杂物及钢筋上的油污清除干净，钢筋的水泥砂浆垫块应已垫好。柱子模板的清扫口应在清除杂物及积水后再封闭。

(4) 接槎部位松散混凝土和浮浆已全部剔除到露石子并冲洗干净，不留明水。

2. 基础混凝土浇筑质量控制与检查要点

(1) 浇筑现浇柱基础应保证柱子插筋位置的准确，防止位移和倾斜。

(2) 混凝土浇筑过程中，检查模板、支撑、管道和预留孔洞有无移动情况，当发现变形位移时，应立即停止浇筑，并应在已浇筑的混凝土凝结前修整完好，才能继续浇筑。

(3) 混凝土浇筑完后表面应用木抹子压实搓平。

（4）设备基础一般要求一次连续浇筑完成。一般应分层浇筑，并保证上下层之间不留施工缝。

（5）在混凝土浇筑时，应注意保证预留栓孔位置垂直正确。

3. 框架结构混凝土浇筑质量控制与检查要点

（1）混凝土自吊斗口下落的自由倾落高度不应超过 2m。

（2）检查混凝土振捣情况，混凝土表面浆应出齐，不冒泡、不下沉，均匀振实。

（3）浇筑混凝土应连续进行。

（4）浇筑混凝土时应经常检查模板、钢筋、预留孔洞、预埋件和插筋等有无位移、变形或堵塞的情况，发现问题及时处理。

（5）柱混凝土浇筑。

1）柱的混凝土应分层振捣，振捣棒不得振动钢筋和预埋件。

2）每段混凝土浇筑后将洞模板封闭严密，并用箍筋箍牢。

（6）梁板混凝土浇筑。

1）浇筑与振捣应紧密配合，每层均应充分捣实再下料。

2）施工缝处或有预埋件和插筋处用木抹子找平。

3）浇筑板混凝土时不得用振捣棒铺摊混凝土。

4）施工缝表面应与梁轴线或板面垂直，不得留斜槎。

（7）墙体混凝土浇筑。

1）浇筑墙体混凝土应连续进行，接槎振捣时间不应超过混凝土初凝时间。

2）门窗洞口两侧应同时下灰，同时振捣，以免模板变形。

（8）楼梯混凝土浇筑。

1）踏步上表面应抹平。

2）1/2 梁及梁端、板端应塞泡沫，以便清出支座搭头宽度。

4. 剪力墙混凝土浇筑质量控制与检查要点

（1）墙体浇筑混凝土前，在底部接槎处先浇筑 50～100mm 厚与墙体混凝土成分相同的减石子水泥砂浆。

（2）分层浇筑振捣。混凝土下料应分散，均匀布料。混凝土坍落度要严格控制，防止混凝土离析。

（3）墙体连续浇筑，保证混凝土初凝后，下层混凝土上覆盖完上层混凝土，并振捣完。

（4）采用平模时或留在内纵横墙交界处，墙应留垂直缝，支齿形模。留槎处应振捣密实。浇筑时随时清理落地灰。

（5）内外墙交界处加强振捣，保证密实。

（6）门窗洞口两侧构造柱要振捣密实，不得漏振，表面呈现浮浆，不沉落、不冒泡。

5. 大体积混凝土浇筑质量控制与检查要点

（1）当基础底板厚度超过1.3m时，应采取分层浇筑。

（2）浇筑时，要在下一层混凝土初凝前浇筑上一层混凝土，避免产生冷缝。

（3）混凝土测温。在测温过程中，当发现混凝土内外温度差接近25℃时，应按预案措施及时增加保温层厚度或延缓拆除保温材料，以防止混凝土产生温差应力和裂缝。

6. 泵送混凝土浇筑质量控制与检查要点

（1）不允许留施工缝时，区域之间、上下层之间的混凝土浇筑间歇时间，不得超过混凝土的初凝时间。

（2）浇筑水平结构混凝土时，不得在同一处连续布料，应在2～3m范围内移动布料，且宜垂直于模板。

（3）在浇筑竖向结构混凝土时，布料设备的出口离模板内侧面不应小于50mm，并且不得向模板内侧直冲布料，也不得直冲钢筋骨架。

（4）在浇筑时应经常观察，当发现混凝土有不密实等现象时，应立即采取措施。

7. 混凝土养护质量控制与检查要点

（1）应在浇筑完毕后的12h以内对混凝土加以覆盖并保湿养护；高强度混凝土浇筑完毕后，必须立即覆盖养护或立即喷洒或涂刷养护剂，以保持混凝土表面湿润。

（2）混凝土浇水养护的时间。对采用硅酸盐水泥、普通硅酸盐水泥或矿渣硅酸盐水泥拌制的混凝土，不得少于7天；对掺用缓凝型外加剂或有抗渗要求的混凝土，不得少于14天；当采用其他品种水泥时，混凝土的养护应根据所采用水泥的技术性能确定。

（3）浇水次数应能保持混凝土处于湿润状态；混凝土养护用水应与拌制用水相同。

（4）采用塑料布覆盖养护的混凝土，其全部表面应覆盖严密，并应保持塑料布内有凝结水。

（5）混凝土强度达到1.2N/mm$^2$前，不得在其上踩踏或安装模板及支架。

（6）大体积混凝土养护。大体积混凝土浇筑完毕后，应在12h内加以覆盖和浇水。普通硅酸盐水泥拌制的混凝土不得少于14天；矿渣水泥、火山灰质水泥、大坝水泥、矿渣大坝水泥拌制的混凝土不得少于21天。

8. 季节性施工质量检查

（1）冬期施工。

1）冬期不得在强冻胀性地基土上浇筑混凝土。在弱冻胀性地基土上浇筑混凝土时，基土不得遭冻。

2）混凝土在浇筑前，应清除模板和钢筋上的冰雪、污垢。运输和浇筑混凝土用的容器应有保温措施。混凝土出机温度不低于10℃，入模温度不低于5℃。

3）分层浇筑厚大的整体式结构混凝土时，已浇筑层的混凝土温度在未被上一层混凝土覆盖前不得低于2℃。采用加热养护时，养护前的温度不得低于2℃。

4）混凝土拌合物入模浇筑，必须经过振捣，使其内部密实，并能充分填满模板各个角落，制成符合设计要求的构件，木模板更适合混凝土的冬期施工。模板各棱角部位应注意做加强保温。

5）当采用暖棚法施工时，棚内各测点温度不得低于5℃，并应设专人检测混凝土及棚内温度。

6）养护期间应测量棚内湿度，混凝土不得有失水现象。当有失水现象时，应及时采取增湿措施或在混凝土表面洒水养护。

7）暖棚的出入口应采取防止棚内温度下降或引起风口处混凝土受冻的措施。

（2）雨期施工。

1）混凝土浇筑完毕后进行覆盖，避免被雨水冲刷。

2）大面积、大体积混凝土连续浇灌及采用原浆压面一次成活工艺施工时，应预先了解天气情况，并应避开雨天施工。

3）浇筑前应做好防雨应急措施准备，遇雨时合理留置施工缝，混凝土浇筑完毕后，要及时覆盖，避免被雨水冲刷。

4）大暴雨和连雨天，应检查脚手架、塔吊、施工用升降机的拉结锚固是否有松动变形、沉降移位等，以便及时进行必要的加固。

9. 成品保护

（1）浇筑混凝土时，要保证钢筋和垫块的位置正确，防止踩踏楼板、楼梯弯起负筋、碰动插筋和预埋铁件，保证插筋、预埋铁件位置正确。

（2）混凝土浇筑、振捣至最后完工时，要保证留出钢筋的位置正确。

（3）应保护好预留洞口、预埋件及水电预埋管、盒等。

（4）混凝土浇筑完后，待其强度达到1.2MPa以上，方可在其上进行下一道工序施工和堆放少量物品。

（5）基础、地下室及大型设备基础浇筑完成后，应及时回填四周基坑土方，避免长期暴露，出现干缩裂缝。

10. 质量常见问题及防治

（1）混凝土表面无水泥浆，露出石子深度大于5mm，但小于保护层厚度的缺陷。

防治措施：先凿去蜂窝处薄弱松散的混凝土和突出的颗粒，用水洗刷干净后，用与原混凝土同成分的［或水泥∶砂＝1∶（2～2.5）］水泥砂浆分层压实抹平。抹压砂浆前，表面应充分湿润（但无积水），并刷素水泥浆，一次抹压厚度不超过10mm。第一遍抹压应用力将砂浆挤入和填满石子空隙，砂浆不应太稀，防止收缩裂缝。待第一遍砂浆凝固（表面仍潮湿但手按无印痕）后，进行第二遍抹压。最后的表面层抹压时，应注意压平、压光，与完好混凝土的交界处应刮平、压光。待表层砂浆凝固后，用麻袋片包裹或覆盖保温养护。养护时间同混凝土要求。

（2）混凝土内主筋、分布筋和箍筋，没有被混凝土包裹而外露。

防治措施：对表面露筋情况，刷洗干净后，用1∶2或1∶2.5水泥砂浆压实，抹平整，并认真养护；如露筋较深，应将薄弱混凝土和突出颗粒凿去，洗刷干净后，用比原来高一强度等级的细石混凝土填塞压实，并认真养护。

（3）混凝土结构内有空腔，局部没有混凝土的缺陷。

防治措施：应经过有关单位共同研究，制订修补或补强方案，经批准后方可处理。一般孔洞处理是将孔洞周围的松散混凝土凿除，用压力水冲洗，支设带托盒的模板，洒水充分湿润后，用比结构高一强度等级的半干硬性细石混凝土仔细分层浇筑，强力捣实并养护。突出结构面的混凝土，须待达到50%强度后再凿去，表面用1∶2水泥砂浆抹光；对于面积大而深的孔洞，将孔洞周围的松散混凝土和软弱浆模凿除，用压力水冲洗后，在内部埋压浆管、排气管，填清洁的碎石（粒径10～20mm），表面抹砂浆或浇筑薄层混凝土，然后用水泥压力灌浆方法进行处理，使其密实。

（4）施工缝处混凝土结合不好，有缝隙或夹有杂物，造成结构整体性不良的缺陷。

防治措施：缝隙夹层不深时，可将松散的混凝土凿去，洗刷干净后，用1∶2或1∶2.5水泥砂浆填嵌密实；较深时，应清除松散部分和内部夹杂物，用压力水冲洗干净后支模，强力灌细石混凝土捣实，或将表面封闭后进行压浆处理。

（5）混凝土结构由于漏振、离析或漏浆造成混凝土局部无水泥浆，且深度超过蜂窝的缺陷。

防治措施：凿除疏松的混凝土，按孔洞处理方法进行处理。

（6）混凝土结构由于收缩、温度、沉降、表面干缩、超载或承载能力不足等原因造成混凝土表面出现 0.05mm 以上的裂缝。

防治措施：

1）对裂缝进行宽度和深度观测，分析裂缝产生的原因及危害性。

2）对于由于沉降、超载或承载能力不足引起的裂缝，应对裂缝发展进行观测。如裂缝继续开展，应立即查明原因，采取“结构加固或补强”措施。

3）对于室内正常环境、年平均相对湿度小于 60％地区的受弯构件，裂缝最大宽度小于 0.4mm；室内正常环境、设计允许出现裂缝的构件，裂缝最大宽度小于 0.3mm；室内潮湿环境，非严寒和非寒冷地区的露天环境、与无侵蚀性的水或土壤直接接触的环境，使用除冰盐的环境，严寒和寒冷地区冬期水位变动的环境，滨海室外环境，设计允许出现裂缝的构件，裂缝最大宽度小于 0.2mm；设计允许出现裂缝的预应力钢筋混凝土构件，裂缝最大宽度小于 0.2mm 等。

属于上述情况之一的混凝土裂缝，经观察不再发展的，可不进行处理；属于上述情况之一的裂缝，但个别裂缝宽度超过了上述最大裂缝宽度值，经观察不再发展的，可采取“表面修补（封闭）法”处理。

4）对于有渗漏水的裂缝，应采用“内部修补法”进行处理。

## 三、预应力混凝土灌浆与封锚

1. 施工作业条件检查

（1）预应力筋张拉已完成，并检验。

（2）灌浆与封锚工作已作技术交底，水泥浆或混凝土已做配合比试验。

2. 过程质量控制与检查要点

（1）后张法有粘结预应力混凝土，预应力筋张拉后，孔道应尽早灌浆，孔道内水泥浆应饱满、密实。当采用电热法时，孔道灌浆应在钢筋冷却后进行。

（2）用连接器连接的多跨连续预应力筋的孔道灌浆，应张拉完一跨随即灌注一跨，不得在全部张拉完毕后，一次连续灌注。

（3）灌浆前孔道应湿润、洁净；灌浆应缓慢、均匀进行，不得中断并应排气通顺。

(4) 预应力张拉后，其端部锚具经防腐处理后，宜在此处用加有微膨胀剂的水泥砂浆封堵。

3. 成品保护

封锚混凝土应采取措施保证其正常硬化，防止损坏。

4. 质量常见问题及防治

(1) 金属波纹管孔道漏浆。浇筑混凝土时，金属波纹管（螺旋管）孔道漏进水泥浆。轻则减小孔道截面面积，增加摩阻力；重则堵孔，使穿束困难，甚至无法穿入。当采用先穿束工艺时，一旦漏入浆液将钢束铸固，造成无法张拉。

防治措施：

1) 对后穿束的孔道，在浇筑混凝土过程中及混凝土凝固前，可用通孔器通孔或用水冲孔，及时将漏进孔道的水泥浆散开或冲出。

2) 对先穿束的孔道，应在混凝土终凝前，用捯链拉动孔道内的预应力束，以免水泥浆堵孔。

3) 如金属波纹管孔道堵塞，应查明堵塞位置，凿开疏通。对后穿束的孔道，可采用细钢筋插入孔道探出堵塞位置。对先穿束的孔道，细钢筋不易插入，可改用张拉千斤顶从一端试拉，利用实测伸长值推算堵塞位置。试拉时，另端预应力筋要用千斤顶揳紧，防止堵塞砂浆被拉裂后，张拉端千斤顶飞出。

(2) 无粘结预应力筋承压钢板凹陷。

防治措施：

1) 张拉力已足而钢板凹陷仅1～2mm，可不作处理。

2) 张拉力低于60%时，如钢板开始凹陷，则应将该钢板拆除，重新修补后再张拉。

3) 张拉力等于或高于60%时，如钢板开始凹陷，则应停止张拉，不足部分可通过其他预应力筋增加张拉力来补足。

4) 张拉过程中，如遇到内埋式钢板滑移，张拉力下降，则应将该处混凝土凿开，重新摆正钢板位置，再将混凝土填塞密实。

(3) 无粘结预应力筋没有达到全密封要求。

防治措施：

1) 无粘结预应力筋在装卸与铺设过程中如有破损，应及时用胶带修补。

2) 无粘结预应力筋与端埋件组装时，不得裸露，必须用塑料套管或胶带严密包缠，防止水分进入护套。

3）在张拉后的锚具夹片和无粘结筋端部，应涂满防腐油脂，并罩上塑料帽达到全密封的要求。锚头封闭后的凹口应采用微膨胀细石混凝土密封。

## 四、装配式结构工程

1. 施工作业条件检查

(1) 构件安装前，应在构件上标注中心线。支承结构的尺寸、标高、平面位置和承载能力均应符合设计要求；应用仪器校核支承结构和预埋件的标高及平面位置，并在支承结构上画出中心线和标高，根据需要尚应标出轴线位置并做好记录。

(2) 检查构件的型号、数量、规格、外形尺寸、预埋件位置和尺寸、吊环的规格和位置、混凝土强度等性能，是否符合质量要求。

(3) 起吊大型构件或薄壁构件前，应采取避免构件变形或损伤的临时加固措施。

2. 进场材料检验及复检

质量员在施工前应注意材料在运输及存储过程中是否发生影响施工质量的变化，对于易变质材料，还要注意是否在有效期内。

(1) 构件的表面应平顺、光滑，不露砂眼。

(2) 构件安装前，按设计图纸核对型号并检查预制构件质量，有变形、断裂、损坏现象的不得使用。

(3) 预制构件不应有影响结构性能和安装、使用功能的尺寸偏差。

(4) 安装楼板前，应检查是否有裂纹或其他缺陷。

3. 过程质量控制与检查要点

(1) 构件安装一般要求。

1）构件安装就位后，应采取保证构件稳定性的临时固定措施，并应根据水准点和轴线检查其位置是否准确。

2）安装就位的构件，必须经过校正后方准焊接或浇筑接头混凝土，根据需要焊后再进行一次复查。

3）装配式结构中承受内力的接头和接缝的混凝土，在浇筑过程中必须捣实，并应采取必要的养护措施。

(2) 预制柱安装。

1）绑扎柱子时要在吊索与柱之间垫以柔性材料，避免起吊时吊索磨损构件表面。

2）柱子起吊应慢速起升，起吊索绷紧离地300mm高时停止上升，检查无误后方可起吊。

3）用两台经纬仪从柱子互相垂直的两个面检查柱的安装中线垂直度，其允许误差：当柱高小于等于5m时，为8mm；当柱高大于5m时，为10mm。

4）柱子固定。

①柱子中心线要准确，并使相对的两面的中心线在同一平面上。吊装前对杯口十字线及杯口尺寸要预检，防止柱子实际轴线偏离标准轴线。

②杯口与柱身之间空隙太大时，应增加楔块厚度，不得将几个楔块叠合使用，并且不准随意拆掉楔块。

③杯口与柱脚之间空隙灌筑混凝土时，不得碰动楔块。灌筑过程中，还应对柱子的垂直度进行观测，发现偏差及时处理。

（3）预制梁（屋架）安装。

1）吊车梁安装。

①吊车梁的安装，必须在柱子杯口第二次灌筑的混凝土的强度达到70%以后进行。

②吊车梁梁端安装中心线应与牛腿顶面安装中心线对准。吊车梁就位时，用垫铁垫平方可脱钩。

③吊车梁的标高、平面位置及垂直度应符合要求。

2）屋架安装。

①重叠制作的屋架，当粘结力较大时，可采用撬杠撬动或使用捯链、千斤顶使屋架脱离，防止扶直时出现裂缝。

②屋架就位时为直立状态，两端支座处用方木垫牢，两侧加斜撑固定。

③屋架的垂直度应符合要求。

（4）预制板安装。

1）圆孔板安装前，先将墙顶或梁顶清扫干净，检查标高及轴线尺寸，按设计要求抹水泥砂浆找平层，厚度一般为15～20mm，配合比为1∶3。

2）安装预制板采用硬架支模方法时，木方承托板底的上面要平直，钢管或木支柱下边垫通长脚手板，保证板底标高准确。

3）吊装楼板。起吊时要求各吊点均匀受力，板面保持水平，避免扭翘，使板开裂。

4）绑扎或焊接锚固筋。严禁将锚固筋上弯90°或压在板下，弯锚固筋时用套管缆弯，防止弯断。

5）板安装就位要准确，使板两端搭接长度相等，安装就位后不得随意撬动板。

6）安装前按设计图纸要求画出缝宽位置线；就位后不得随意撬动板。

7）扣板前应检查墙体标高，抹好砂浆找平层，扣板时浇水泥素浆，防止楼板与支座处搭接不实。

8）安装前应检查板端的圆孔是否堵好，砂浆块距板端距离为60mm。对预应力短向圆孔板板端锚固筋（胡子筋），应当用套管理顺，不能弯成死弯，防止断裂。

4. 季节性施工质量检查

（1）构件的吊装。

1）吊车行走或桅杆移动的场地应平整，并应采取防滑措施。起吊的支撑点地基必须坚实。

2）地锚应具有稳定性，回填冻土的重量应符合设计要求，活动地锚应设防滑措施。

3）构件在正式起吊前，应先松动、后起吊。

4）凡使用滑行法起吊的构件，应采取控制定向滑行的措施，并防止偏离滑行方向。

5）多层框架结构的吊装，接头混凝土强度未达到设计要求前，应加设缆风绳，防止整体倾斜。

（2）构件连接与校正。

1）装配整浇式结构接头的冬期施工应根据混凝土体积小、表面系数大、配筋密等特点，采取相应的保证质量措施。

2）构件接头采用湿法连接时应符合下列规定：

①接头部位的积雪、冰霜等应清除干净。

②承受内力接头的混凝土，在受冻前当设计无要求时，其强度不应低于设计强度标准值的70%。

3）混凝土构件预埋连接板的焊接应分段连接，防止累积变形过大，影响安装质量。

4）混凝土柱、屋架及框架冬季安装，在阳光照射下校正时应计入温差的影响，各支撑校正后应立即固定。

5. 成品保护

（1）现场平卧生产的大型构件（包括柱、屋架、薄腹梁、天窗架等），扶直时必须采用旋转法（即以下弦或柱脚为轴，边起钩边转动把杆，在扶直为直立状态时再吊离地面），防止在扶直过程中使构件拖拉，发生碰撞和晃动破坏。

（2）圆孔板锚固筋要妥善保护，不得反弯或折断。

（3）铺完板后，如施工荷载超过设计活荷载，板底跨中应加一道支撑，保证施工安全及安装质量。

6. 质量常见问题及防治

安装的构件实际轴线与标准轴线偏差超过允许值（轴线位移）。

防治措施：

（1）多层放线吊装，必须从标准桩点上引，误差均在本层中消除。

（2）已偏位的构件应校正，不应连接钢筋或在预埋件上焊接构件接头。

第九章

# 砌体工程施工质量检查控制要点

## 一、砖砌体工程

1. 施工作业条件检查

（1）基础砌筑前检查。

1）基槽或基础垫层已完成并验收，办完隐检手续。

2）设置龙门板或龙门桩，标出建筑物主要轴线，标出基础及墙身轴线和标高，并弹出基础轴线和边线。

3）砌筑部位的灰渣、杂物应清除干净，基层浇水湿润。

4）基槽安全防护已完成，无积水。

（2）墙体砌筑前检查。

1）基础及防潮层应经验收合格，基础顶面弹好墙身轴线、墙边线，根据进场砖的实码规格尺寸弹出门窗洞口和柱子的位置线。

2）办完地基、基础工程隐检手续。

3）回填完基础两侧及房心土方，安装好暖气沟盖板。

4）砌筑部位（基础或楼板等）的灰渣杂物清除干净，并浇水湿润。

5）砂浆由实验室做好试配，准备好砂浆试模（6 块为一组）。

6）框架外墙施工时，外防护脚手架应随楼层搭设完毕，墙体距外架间的间隙应水平防护，防止高空坠物。内墙已准备好工具式脚手架。

2. 进场材料检验及复检

质量员在施工前应注意材料在运输及存储过程中是否发生影响施工质量的变化，对于易变质材料，还要注意是否在有效期内。

（1）水质必须符合要求，严禁使用基坑积水。

（2）砌筑用砖应无缺棱掉角、弯曲、裂缝等现象。

3. 过程质量控制与检查要点

（1）基础砌筑施工。

1）放线。

①砌筑前，基础及防潮层应经验收合格，基础顶面弹好墙身线、轴线、门窗洞口位置线，且必须用钢尺校核尺寸。

②砌筑基础前，校核放线尺寸，允许偏差应符合下列要求：

a. 长度（或宽度）不大于30m，允许偏差为±5mm。

b. 长度（或宽度）大于30m并且小于等于60m，允许偏差为±10mm。

c. 长度（或宽度）大于60m并且小于等于90m，允许偏差为±15mm。

d. 长度（或宽度）大于90m，允许偏差为±20mm。

2）立皮数杆。

①立皮数杆时，抄平放线要准确，立皮数杆要牢固；施工中要注意保护皮数杆，确保皮数杆标高正确。

②根据皮数杆最下面一层砖的标高检查基础基层、表面标高是否合适。

3）砖浇水湿润。

①砖应在砌筑前1～2天浇水湿润，不得随浇随砌。

②现场检查砖含水率的简易方法是断砖法，当砖截面四周融水深度为15～20mm时，视为含水率符合要求。

③常温施工不得用干砖，不得使用含水率达到饱和状态的砖。

4）排砖撂底。

①在排砖中要把转角、墙垛、洞口、交接处等不同部位，排得既合砖的模数又合乎设计的模数。

②对撂底的要求：一是不能使排好的砖的位置发生移动，要“一铲灰一块砖”地砌筑；二是必须严格按皮数杆标准砌筑。

③基础大放脚的撂底尺寸及收退方法必须符合设计图纸规定。

④大放脚的转角处，应按规定放七分头，其数量为一砖墙放两块，一砖半厚墙放三块，二砖墙放四块，依次类推。

5）基础盘角。

①每次盘角高度不应超过五层，随盘随靠平、吊直。

②盘角时灰缝要掌握均匀。

6）基础挂线。应挂通线，24cm墙外手挂线，37cm墙以上应双面挂线。

7）砂浆拌制、使用。

①水泥砂浆应采用机械搅拌，搅拌时间不少于 2min。水泥粉煤灰砂浆和掺用外加剂的砂浆搅拌时间不得少于 3min，掺用有机塑化剂的砂浆应为 3～5min。

②砂浆应随拌随用，水泥砂浆和水泥混合砂浆必须在拌成后 3h 和 4h 内使用完毕，当施工期间最高温度超过 30℃时，应分别在拌成后 2h 和 3h 内使用完毕。超过上述时间的砂浆，不得使用，也不得再次搅拌后使用。

8）基础砌筑。

①砖基础砌筑前，基础垫层表面清扫干净，洒水湿润。

②保持砌体通顺、平直，防止砌成“螺丝”墙。

（2）墙体砌筑施工。

1）放线、立皮数杆、砂浆拌制、砖浇水湿润参见“基础砌筑”相关内容。

2）排砖撂底。

①排砖时必须把立缝排匀，由底往上，所有七分头的长度应保持一致。

②留设上层窗口必须同下层窗口保持垂直。

③窗间墙应排成好活儿，把破活儿排在中间或不明显位置。门窗口上边的砖墙合拢时不得出现破活儿。

3）墙体盘角。

①每次盘角不应超过五层，新盘大角及时进行吊、靠。

②盘角时水平灰缝要均匀一致，平整度和垂直度须完全符合要求。

4）墙体挂线。

①超过 10m 的长墙，中间应设支线点。

②空斗墙应单面挂线，并要整砖砌筑。

5）墙体砌筑。

①砌砖时必须先拉准线，准线要拉紧。

②砖砌体应上下错缝，内外搭砌。

③基底标高不同时应从低处砌起，并由高处向低处搭接。

④每层承重墙的最上一皮砖、砖砌体的阶台平面上以及挑出层应用整砖丁砌。

⑤砌体临时间断处的高度差，不得超过一步脚手架的高度。

⑥相邻工作段的高度差，不得超过一个楼层的高度且不得大于 4m。

⑦搁置预置梁板的平面应找平，并且安装时应坐浆。

⑧清水墙不允许有三分头，不得在上部任意变活、乱缝。

⑨有防水要求的楼面，墙底部应浇筑高度不小于 120mm 的混凝土坎。

⑩有眠空斗墙中，眠砖层与丁砖层接触处除两段外，其余部分不应填充砂浆。

a. 多孔砖墙的孔洞应垂直于受压面。

b. 多孔砖墙不够整砖砌筑的部位，应用烧结普通砖补砌，不得用砍过的多孔砖填补。

c. 方形多孔砖墙的转角处，应加砌配砖（半砖），配砖位于砖墙外角。

6）墙体留槎。

①除构造柱外，砖墙的转角处和交接处应同时砌筑。对不能同时砌筑必须留槎时，应砌成斜槎，斜槎投影长度不应小于高度的2/3，槎子必须平直、通顺。

②施工洞口可留直槎，但直槎必须砌成凸槎并加设拉结筋。

7）墙体接槎。砖砌体施工临时间断处补砌时，必须将接槎处表面清理干净，浇水润湿并填实砂浆，保持灰缝平直。

8）墙体灰缝。

①砖砌体的灰缝应横平竖直，薄厚均匀。水平灰缝厚度和竖直灰缝宽度在8～12mm。

②水平灰逢砂浆饱满度应不低于80%，垂直灰缝不得出现透明缝、瞎缝和假缝。

③混水墙应随砌随将舌头灰刮尽。

9）清水墙勾缝。

①勾缝前应清除墙面和脚手眼粘结的砂浆、泥浆和杂物，并洒水湿润。脚手眼应用与原墙相同的砖补砌严密。

②墙面勾缝应采用加浆勾缝，砖内墙也可采用原浆勾缝，但必须随砌随勾缝，并使灰缝光滑、密实。

③墙面勾缝应横平竖直，深浅一致，搭接平整并压实抹光，不得有丢缝、开裂和粘结不牢现象。

④勾缝完毕，应清扫墙面。

10）构造柱。构造柱砖墙必须砌成大马牙槎，设置好拉结筋，构造柱内的落地灰、砖渣杂物必须清理干净，防止混凝土内夹渣。

11）预埋件。

①砌体中的预埋件应作防腐处理。

②混凝土砖、木砖预埋：木砖预埋时应小头在外，大头在内。洞口高在1.2m以内，每边放2块；高1.2～2m，每边放3块；高2～3m，每边放4块。

预埋砖的部位一般在洞口上边或下边四皮砖，中间均匀分布。

12）墙体拉结筋。

①留直槎处应加设拉结筋。

②墙体拉结筋的型号、位置、数量符合设计要求，严禁错放、漏放。

13）预留孔洞。

①钢门窗安装的预留孔、硬架支撑、暖卫管道均应按设计要求预留，不得事后凿墙。

②在墙上留置临时施工洞口，其侧边离交接处墙面不应小于500mm，洞口净宽度不应超过1m。

③不得在下列墙体或部位设置脚手眼：120mm厚墙和独立柱；过梁上与过梁成60°角的三角形范围及过梁净跨度1/2的高度范围内。宽度小于1m的窗间墙；砌体门窗洞口两侧200mm和转角处450mm范围内。梁和梁垫下及其左右450mm范围内；设计不允许设置脚手眼的部位。

（3）砖柱、砖跺砌筑施工。

1）砖柱。砖柱不得采用先砌四周后填心的包心砌法。

2）砖垛。墙与垛应同时砌筑。砖垛隔皮与砖墙搭砌长度应不小于1/4砖长，砖垛外表面上下皮垂直灰缝应相互错开1/2砖长。

（4）砖拱砌筑施工。

1）砖拱。砖平拱的拱脚下面应伸入墙内不小于20mm。砖平拱的灰缝应砌成楔形。灰缝的宽度，在平拱的底面不应小于5mm，在平拱的顶面不应大于15mm。

2）过梁。过梁标高、位置及型号必须符合设计要求。坐灰要饱满。

4. 季节性施工质量检查

（1）冬期施工。

1）当室外平均气温连续5天稳定低于5℃时，砌体工程应采取冬期施工措施。冬期施工期限以外，当日最低气温低于0℃时，也应采取冬期施工措施。

2）冬期使用的砖，要求在砌筑前清除冰霜。普通砖、多孔砖和空心砖在气温高于0℃条件下砌筑时，应浇水湿润。在气温不高于0℃条件下砌筑时可不浇水，但必须增大砂浆稠度。

3）砂中不得含有大于10mm的冻块，石灰膏要防冻，掺合料应有防冻措施，如已受冻要融化后方能使用。

4）材料加热时，水加热应不超过80℃，砂加热应不超过40℃。应采用两步投料法，即先拌和水泥和砂，再加水拌和。

5）砂浆使用温度不应低于5℃。

（2）雨期施工。

1）雨期施工应防止基槽灌水和雨水冲刷砂浆，砂浆稠度应适当减小。

2）每日砌筑高度不宜超过1.2m。

3）收工时应覆盖砌体表面。

（3）抗震施工。抗震设防烈度为9度的建筑物，普通砖、多孔砖和空心砖无法浇水湿润时，如无特殊措施，不得砌筑。

（4）大风天气施工。尚未安装楼板或屋面的墙和柱，当可能遇到大风时，其允许自由高度不得超过以下数值，见表9-1。

**表9-1　墙和柱的允许自由高度**

| 墙（柱）厚（mm） | 砌体密度>1600kg/m³ | | | 砌体密度1300～1600kg/m³ | | |
|---|---|---|---|---|---|---|
| | 风载（kN/m²） | | | 风载（kN/m²） | | |
| | 0.3（约7级风） | 0.4（约8级风） | 0.5（约9级风） | 0.3（约7级风） | 0.4（约8级风） | 0.5（约9级风） |
| 190 | — | — | — | 1.4 | 1.1 | 0.7 |
| 240 | 2.8 | 2.1 | 1.4 | 2.2 | 1.7 | 1.1 |
| 370 | 5.2 | 3.9 | 2.6 | 4.2 | 3.2 | 2.1 |
| 490 | 8.6 | 6.5 | 4.3 | 7.0 | 5.2 | 3.5 |
| 620 | 14.0 | 10.5 | 7.0 | 11.4 | 8.6 | 5.7 |

注　1. 本表适用于施工处相对标高（$H$）为10m<$H$≤15m，15m<$H$≤20m的情况，表中的允许自由高度应分别乘以0.9、0.8的系数；如$H$>20m时，应通过抗倾覆验算确定其允许自由高度。

2. 当所砌筑的墙有横墙或其他结构与其连接，而且间距小于表列限值的2倍时，砌筑高度可不受本表的限制。

如超出表9-1规定，必须采取临时支撑等有效措施，以保证墙或柱的稳定性。

5. 成品保护

（1）砌筑过程中或砌筑完毕后，未经有关质量管理人员复查之前，对轴线桩、水平桩或龙门板应注意保护，不得碰撞或拆除。

（2）基础墙回填土，应两侧同时进行，暖气沟墙未填土的一侧应加支撑，防止回填时挤歪、挤裂。回填土应分层夯实，不允许向槽内灌水取代夯实。回填土运输时，先将墙顶保护好，不得在墙上推车，以免损坏墙顶和碰撞墙体。

(3) 墙体拉结筋、抗震构造柱钢筋、大模板混凝土墙体钢筋及各种预埋件，暖、卫、电气管线及套管等，均应注意保护，不得任意拆改、弯折或损坏。

(4) 砂浆稠度应适宜，砌筑过程中要及时清理，防止砂浆溅脏墙面。

(5) 尚未安装楼板或屋面板的墙和柱，当可能遇到大风时，应采取临时支撑等措施，以保证施工中墙体的稳定性。

6. 质量常见问题及防治

(1) 基础砖撂底要正确，收退大放角两边要相等，退到墙身之前要检查轴线和边线是否正确，如偏差较小可在基础部位纠正，不得在防潮层以上退台或出沿，以免基础墙与上部墙错台。

(2) 排砖时必须把立缝排匀，砌完一步架高度，每隔 2m 间距在丁砖立楞处用托线板吊直弹线，二步架往上继续吊直弹线，由底往上所有七分头的长度应保持一致，上层分窗口位置时必须同下窗口保持竖直线，避免出现清水墙游丁走缝。

(3) 立皮数杆要保证标高一致，盘角时灰缝要掌握均匀，砌砖时小线要拉紧，每层松紧度要一致，防止一层线松、一层线紧，造成灰缝大小不匀。

(4) 清水墙排砖时，为了使窗间墙、垛排成好活儿，把破活儿排在中间或不明显位置，在砌过梁上第一皮砖时，不得随意变活儿。

(5) 砌墙遇有风时，挂线应绷直，不能成弧，以免墙随线走，造成砖墙鼓胀。

(6) 砌筑中，应注意将半头砖分散使用在较大的墙体面上；砌首层或楼层的第一皮砖要核对皮数杆的标高及层高；一砖厚墙应外手挂线；舌头灰应及时刮尽等，避免砌成“螺丝”墙及出现混水墙粗糙的现象。

(7) 构造柱外砖墙应砌成马牙槎，并应正确设置拉结筋。从柱脚砌砖开始，两侧都应先退后进。当马牙槎深 120mm 时，宜第一皮进 60mm，再上一皮进 120mm，以保证混凝土浇筑时角部密实。构造柱内的落地灰、砖渣等杂物必须清理干净，防止混凝土内夹渣。

## 二、混凝土小型空心砌块砌体工程

1. 施工作业条件检查

(1) 必须做完地基，办完隐检预检手续。

(2) 混凝土小型空心砌块基层杂物清扫干净。

（3）放好混凝土小型空心砌块砌体纵横墙轴线、边线、门窗洞口位置线及其他尺寸线，验线符合设计图纸要求，预检合格。

2. 进场材料检验及复检

质量员在施工前应注意材料在运输及存储过程中是否发生影响施工质量的变化，对于易变质材料，还要注意是否在有效期内。

3. 过程质量控制与检查要点

（1）放线。砌筑前应在基础面或楼面上定出各层的轴线位置和标高，并用1∶2水泥砂浆或C15细石混凝土找平。

（2）皮数杆。

1）在房屋四角或楼梯间转角处设立皮数杆，皮数杆间距不得超过15m。根据砌块高度和灰缝厚度计算皮数杆和排数，皮数杆上应画出各皮小砌块的高度及灰缝厚度。在皮数杆上相对小砌块上边线之间拉准线，小砌块依准线砌筑。

2）绘制小型空心砌块排列图。

（3）砂浆拌制及使用。参见本章“一、砖砌体工程”相关内容。

（4）砌筑。

1）第一皮砌块底铺砂浆厚度应均匀。

2）小砌块砌筑前不需浇水湿润，但在天气干燥炎热的情况下，可提前洒水湿润小砌块。

3）小砌块砌筑墙体应将底面朝上反砌于墙上。

4）砌体错缝符合设计和规范规定，不得出现竖向通缝。

5）水平缝应平直，竖缝凹槽部位应用砂浆填实，不得出现瞎缝、透明缝。

6）不得采用小砌块与烧结普通砖等其他块体材料混合砌筑。

7）常温条件下的日砌筑高度控制。普通混凝土小砌块控制在1.8m内；轻集料混凝土小砌块控制在2.4m内。

8）砌体相邻工作段高差不得大于一个楼层或4m。

9）伸缩缝、沉降缝及防震缝中夹杂的落灰与杂物应清除。

10）雨天砌筑应有防雨措施，砌筑完毕对砌体进行遮盖。

（5）留槎。临时间断处应砌成斜槎，斜槎必须符合规范、标准要求。

（6）拉结筋。砌块墙与后砌隔墙交接处焊接钢筋网片设置必须符合设计要求。

（7）灰缝。小砌块砌体的水平灰缝厚度和竖向灰缝宽度宜为10mm，但不应小于8mm，也不应大于12mm。

（8）预留洞、预埋件。

1）参见本章“一、砖砌体工程”相关内容。

2）小砌块砌体中不得预留水平沟槽。

3）临时施工洞口留置要求。

①洞口侧边离交接处墙面不应小于500mm，洞口净宽度不应超过1m。

②洞口两侧应沿墙高每3皮砌块设2$\phi$4拉结钢筋网片，锚入墙内的长度不小于1000mm。

4）下列部位不得设置脚手眼：

①过梁上部，与过梁成60°角的三角形及过梁跨度1/2范围内。

②宽度不大于800mm的窗间墙。

③梁和梁垫下及左右各500mm范围内。

④门窗洞口两侧200mm内和砌体交接处400mm的范围内。

⑤设计规定不允许设脚手眼的部位。

（9）芯柱。

1）芯柱应沿房屋的全高贯通，并与各层圈梁整体现浇。

2）检查芯柱竖筋要放位置及其接头连接质量。

3）浇灌芯柱混凝土应遵守下列规定：

①清除孔洞内的砂浆等杂物，并用水冲洗。

②砌筑砂浆强度大于1MPa时，方可浇灌芯柱混凝土。

③在浇灌芯柱混凝土前应先注入适量与芯柱混凝土相同的去石水泥砂浆，再浇灌混凝土。

4. 季节性施工质量检查

（1）冬期施工。

1）当室外平均气温连续5天稳定低于5℃时，砌体工程应采取冬期施工措施；冬期施工期限以外，当日最低气温低于0℃时，也应采取冬期施工措施。

2）拌制砂浆用砂，使用前应进行过筛，不得含有冰块和大于10mm的冻结块。

3）冬期砌筑不得使用无水泥拌制的砂浆。

4）基土无冻胀时，可在冻结的地基上砌筑；基土有冻胀时，应在未冻的地基上砌筑。在施工期间和回填土前，均应防止地基遭受冻结。

5）砂浆使用温度应符合下列规定：

①采用掺外加剂法、氯盐砂浆法及暖棚法时，不应低于5℃。

②采用冻结法，当室外空气温度分别为－10～0℃、－25～－11℃、－25℃以下时，砂浆使用最低温度分别为10℃、15℃、20℃。

6）采用暖棚法施工，块材在砌筑时的温度不应低于5℃，距离所砌的结构底面0.5m处的暖棚温度也不应低于5℃。

7）冻结法施工。

①冻结法施工的解冻期间内，应经常对砌体进行观测和检查，如发现裂缝、不均匀下沉等情况，应立即采取加固措施。

②采用冻结法砌筑的墙，与已沉降的墙体交接处应留沉降缝。

8）氯盐砂浆砌体施工时，每日砌筑高度不宜超过1.2m，墙体留置洞口距交接墙处不应小于50cm。

9）冬期施工中，每日砌筑后应及时在砌筑表面覆盖保温材料，砌筑表面不得留有砂浆。

（2）雨期施工。

1）不得使用含水率过高的砌块，以免砂浆流淌，影响砌体质量。

2）雨后继续施工时，应复核砌体垂直度、平整度和标高，确保砌体质量。

3）控制砌筑高度每天在1.2m以内，以免砌体结构不稳定甚至出现倒塌现象。

4）砌体相邻砌筑分段的高度差不得超过一个楼层的高度，并且不宜大于4m。砌体临时间断处的高差不得超过一步脚手架高度。

5）混凝土空心小砌块砌体。

①雨期施工应有防雨措施。下雨时必须停止砌筑，并对新砌筑的墙体采取遮雨措施，以防雨水进入砖体和芯孔内。

②雨水冲淋的砌块晾干后方可使用。

（3）高温期及台风季节施工。

1）铺灰时铺灰面不要摊得太大，以免砂浆变硬，无法使用。

2）在特别干燥炎热时期，每天砌筑后，可在砂浆已初步凝固的条件下，向砌好的墙上适当浇水。

3）台风时期墙体砌筑的高度应控制在一步架为宜；在砌筑时四周墙尽量同时砌，保证砌体的整体性和稳定性。

4）不宜砌单独无连系的墙体、无横向支撑的独立山墙、窗间墙、高的独立柱子等，如必须砌筑，应在砌好后加支撑。

5. 成品保护

（1）装卸小砌块时，严禁倾卸丢掷，并应堆放整齐。

（2）在砌体砌块上，不宜拉锚缆风绳，不宜吊挂重物，也不宜作为其他施工临时设施、支撑的支撑点。如果确实需要时，应采取有效的构造措施。

（3）砌块和楼板吊装就位时，避免冲击已完墙体。

（4）其他成品保护参见本章“一、砖砌体工程”相关内容。

6. 质量常见问题及防治

（1）砌体粘结不牢：原因是砌块浇水、清理不好，砌块砌筑时一次铺砂浆的面积过大，校正不及时；砌块在砌筑使用的前一天，应充分浇水湿润，随吊运随将砌块表面清理干净；砌块就位后应及时校正，接着立即用砂浆（或细石混凝土）灌竖缝。

（2）第一皮砌块底铺砂浆厚度不均匀：原因是基底未事先用细石混凝土找平标高，必然造成砌筑时灰缝厚度不一，应注意砌筑基底找平。

（3）拉结钢筋或压砌钢筋网片不符合设计要求：应按设计和规范的规定，设置拉结带和拉结钢筋及压砌钢筋网片。

（4）砌体错缝不符合设计和规范的规定：未按砌块排列组砌图施工。应注意砌块的规格并正确组砌。

（5）砌体偏差超规定：控制每皮砌块高度不准确。应严格按皮数杆高度控制，掌握铺灰厚度。

## 三、填充墙砌体工程

1. 施工作业条件检查

（1）主体结构中承重结构已施工完毕，已经有关部门验收合格。

（2）填充墙施工前，承重结构已施工完毕，并隐蔽验收合格。

（3）弹出轴线、墙身线、门窗洞口线，并经过技术核验，办理预检手续。

（4）填充墙拉结钢筋已经按要求预埋，并经过隐蔽验收。

2. 进场材料检验及复检

（1）质量员在施工前应注意材料在运输及存储过程中是否发生影响施工质量的变化，对于易变质材料，还要注意是否在有效期内。

（2）小砌块的产品龄期不应小于 28 天，不宜小于 35 天。

3. 过程质量控制与检查要点

（1）空心砖、轻集料混凝土小型空心砌体。

1）放线。楼面上的轴线位置及柱上标高符合设计要求。

2）皮数杆。

①皮数杆位置及间距符合规范要求。

②皮数杆上注明的门窗洞口、木砖、拉结筋、圈梁、过梁的尺寸标高符合设计要求。

③皮数杆应垂直、牢固、标高一致。

3）排列空心砖。不足整块的空心砖尺寸不得小于空心砖长度的1/3。

4）砂浆拌制。搅拌加料顺序和时间要达到规定的要求。先加砂、掺合料和水泥干拌1min，再加水湿拌。总的搅拌时间不得少于4min。若加外加剂，则在湿拌1min后加入。

5）砂浆使用。砂浆应随拌随用，水泥砂浆和水泥混合砂浆应分别在3h和4h内使用完毕（注：对掺用缓凝剂的砂浆，其使用时间可根据具体情况延长）。

6）砖浇水湿润。空心砖应提前2天浇水湿润。

7）砌筑。

①空心砖孔洞垂直方向砌筑时，不得将砂浆掉入孔洞内部。

②不得用砍凿方法将砖打断，宜用无齿锯加工制作非整砖块。

③需要移动已砌好的砌块或对被撞动的砌块进行修整时，应在清除原有砂浆后，再重新铺浆砌筑。

④在封砌施工洞口及外墙井架洞口时，应严格控制，不能一次到顶。

8）留槎。空心砖墙砌筑不得留斜槎或直槎。

9）灰缝。

①补砌时灰缝砂浆应饱满。

②空心砖砌体的水平、竖向灰缝厚度应为8～12mm。

③空心砖砌体水平灰缝砂浆饱满度应小于80%；竖向灰缝应填满砂浆，且不得有透明缝、瞎缝或假缝。

10）勾缝。灰缝与空心砖面要平整、密实，不得出现丢缝、瞎缝、开裂和粘结不牢等现象。

11）拉结筋、抗震拉结措施。

①拉结筋伸入墙内的长度应符合设计要求。

②当设计未具体要求时抗震拉结措施为：非抗震设防及抗震设防烈度为6、

7度时，不应小于墙长的1/5且不小于700mm；8、9度时宜沿墙全长贯通。

12）预留洞、预埋件。参见本章“一、砖砌体工程”相关内容。

（2）蒸压加气混凝土砌块墙。

1）蒸压加气混凝土砌块砌体施工放线、立皮数杆、排列砌块、拉线、砂浆拌制及勾缝参见“空心砖、轻集料混凝土小型空心砌体”相关内容。

2）砌筑。

①按砌块排列图进行砌筑。

②蒸压加气混凝土砌块砌筑面应适量浇水湿润。

③蒸压加气混凝土砌块墙转角处纵横墙砌块的搭接应符合设计要求。

④每一楼层内的砌块墙体应连续砌筑，否则应留成斜槎或在门窗洞口侧边间断。

⑤砌筑时，蒸压加气混凝土砌块错缝搭接长度不小于砌块长度的1/3，不能满足要求时，应在水平灰缝中设置钢筋加强。

⑥蒸压加气混凝土砌块的水平灰缝厚度宜为15mm，竖向灰缝宽度宜为20mm。

⑦蒸压加气混凝土砌块水平灰缝砂浆饱满度应不小于80%，竖向灰缝不应小于80%，并不得有透明、瞎缝、假缝。

⑧蒸压加气混凝土砌块砌筑时应采取措施防止雨淋。

⑨蒸压加气混凝土砌块墙如无切实有效的措施，不得用于下列部位：

a. 建筑物室内地面标高以下部位。

b. 长期浸水或经常受干湿交替部位。

c. 受化学环境侵蚀（如强酸、强碱）或高浓度二氧化碳等环境。

⑩蒸压加气混凝土砌块墙上不得留设脚手眼。

3）拉结筋、抗震拉结措施参见“空心砖、轻集料混凝土小型空心砌体”相关内容。

4）预留洞、预埋件。参见本章“一、砖砌体工程”相关内容。砌块表面经常处于80℃以上的高温环境。

（3）粉煤灰小型空心砌块墙。

1）粉煤灰小型空心砌块砌体施工放线、立皮数杆、排列砌块、拉线、砂浆拌制及勾缝参见“空心砖、轻集料混凝土小型空心砌体”相关内容。

2）砌筑。

①按粉煤灰小型空心砌块排列图进行砌筑。

②粉煤灰小型空心砌块的砌筑面应适量浇水。

③粉煤灰小型空心砌块上下皮垂直灰缝错开长度应不小于砌块长度的1/3。

④粉煤灰小型空心砌块墙端面应锯平灌浆槽。

⑤灰缝厚度和宽度应正确。

⑥拉结钢筋或网片的位置与粉煤灰小型空心砌体皮数相符合，且其埋置长度应符合设计要求。

⑦粉煤灰小型空心砌块外墙不得留脚手眼。

⑧每一楼层内的砌块墙应连续砌完，否则应留斜槎或门窗洞口侧边间断。

⑨粉煤灰墙砌至接近梁、板底时应留一定空隙，待填充墙砌筑完并应至少间隔7天后，再将其补砌挤紧。

4. 季节性施工质量检查

（1）冬期施工。

1）冬期施工所用材料应符合下列规定：

①石灰膏、电石膏应防止受冻，如遭冻结，应经融化后使用。

②拌制砂浆用砂，使用前应进行过筛，不得含有冰块和大于10mm的冻结块。

③砌体用砖或其他块材不得遭水浸冻。

2）普通砖、多孔砖和空心砖在气温高于0℃条件下砌筑时，应浇水湿润。在气温不高于0℃条件下砌筑时，可不浇水，但必须增大砂浆稠度。

（2）雨期施工。参见本章“一、砖砌体工程”相关内容。

（3）高温期及台风季节施工。

1）砖在使用前应提前浇水，浇水程度以把砖断开观察时，其周边的水浸痕达20mm左右为宜。

2）其余内容参见本章“一、砖砌体工程”相关内容。

5. 成品保护

（1）砌体砌筑完成后，未经有关人员的检查验收，轴线桩、水准桩、皮数杆应加以保护，不得碰坏拆除。

（2）砌块运输和堆放时，应轻吊轻放，堆放高度不得超过1.6m，堆垛之间应保持适当的通道。

（3）水电和室内设备安装时，应注意保护墙体，不得随意凿洞。填充墙上设备洞、槽应在砌筑时同时留设，漏埋或未预留时，应使用切割机切槽，埋设完毕后用C15混凝土灌实。

（4）不得使用砌块做脚手架的支撑，拆除脚手架时，应注意保护墙体及门窗口角。

（5）墙体拉结筋、抗震构造柱钢筋，暖、卫、电气管线及套管等，均应注意保护，不得任意拆改、弯折或损坏。

（6）砂浆稠度应适宜，砌筑过程中要及时清理，防止砂浆溅脏墙面。

6. 质量常见问题及防治

（1）填充墙与柱、梁、墙连接处出现裂缝，严重的受冲撞时倒塌。

防治措施：

1）柱、梁、板或承重墙内漏放拉结筋时，可在拉结筋部位将混凝土保护层凿除，将拉接筋按规范要求的搭接倍数焊接在柱、梁、板或承重墙钢筋上。

2）柱、梁、板或承重墙与填充墙之间出现裂缝，可凿除原有嵌缝砂浆，重新嵌缝。

（2）墙体沿灰缝产生裂缝或在外力作用下造成墙片损坏，影响墙片的整体性。

防治措施：

1）粉刷前，发现灰缝中有细裂缝时，可将灰缝砂浆表面清理干净后，重新用水泥砂浆嵌缝。裂缝严重的要拆除重砌。

2）压碎和损坏的墙体，应拆除重砌。

（3）室内外抹面随砌体灰缝中裂缝和柱、梁、板、承重墙结合处裂缝而出现相应的裂缝；墙面抹灰出现干缩裂缝和起壳，严重的引起墙面渗漏。

防治措施：

1）对于因结构问题引起墙面抹灰起壳、裂缝和渗水的，应先对结构采取措施后，再对抹灰进行处理。处理时，一般应铲除起壳部分，清理、湿润后重新分层抹灰。对于抹灰层裂缝，一般应沿裂缝凿成V形槽，清洗后用水泥砂浆分层嵌补或用油膏嵌缝，然后分层修补抹灰层。

2）因砌块本身材料问题而引起的渗漏，应铲除该部位抹灰层，然后将砌块酥松或裂缝部分凿除，用水泥砂浆修补，达到一定强度后重新抹灰。

3）因抹灰层太薄而造成渗水的墙面，可在表面凿毛，认真清理、湿润以后，加做一层抹灰。有条件时，可在抹灰层外涂防水层，如憎水剂等。

（4）其他参见“一、砖砌体工程”相关内容。

## 四、配筋砌体工程

1. 施工作业条件检查

（1）弹好轴线、墙身线，弹出门窗口位置线。

（2）砂浆、混凝土按试验室做好试配，准确好砂浆、混凝土试模，材料准备到位。

（3）施工现场安全防护已完成，并通过质量员的验收。

2. 进场材料检验及复检

质量员在施工前应注意材料在运输及存储过程中是否发生影响施工质量的变化，对于易变质材料还要注意是否在有效期内。

（1）水泥。水泥在保质期内，且无结块。

（2）石灰膏。严禁使用冻结和脱水硬化的石灰膏。

3. 过程质量控制与检查要点

（1）网状配筋砖砌体。

1）放线、立皮数杆、盘角、挂线、留槎和砂浆拌制，参见本章“一、砖砌体工程”相关内容。

2）留置临时施工洞口。临时施工洞口侧边离交接处墙面不应小于500mm，洞口净宽度不应超过1m，抗震设防烈度为9度的地区建筑物的临时施工洞口位置，应会同设计单位确定。临时洞口应做好补砌。

3）脚手眼的设置。参见本章“一、砖砌体工程”相关内容。

4）木砖预留孔洞和墙体拉结筋。木砖预埋时应小头在外，大头在内，数量按洞口高度决定。预埋木砖的部位一般在洞口上边或下边四皮砖，中间均匀分布。木砖要提前做好防腐处理。

钢门窗安装的预留孔，硬架支模、暖卫管道，均应按设计要求预留。不得事后剔凿。墙体拉结筋的位置、规格、数量、间距均应按设计要求留置，不应错放、漏放。

5）安装过梁、梁垫。安装过梁、梁垫时，其标高、位置及型号必须正确，坐浆饱满。如坐浆厚度超过2mm时，要用细石混凝土铺垫。过梁安装时，两端支承点的长度应一致。

6）钢筋网片制作。钢筋网制作应符合设计图纸要求。

7）砖墙、砖柱砌筑。参见本章“一、砖砌体工程”相关内容，烧结普通砖强度等级不应低于 MU10，砂浆强度等级不应低于 M7.5。

8）钢筋网设置。在配置钢筋网的水平灰缝中，应先铺一半厚的砂浆层，放入钢筋网后再铺一半厚砂浆层，使钢筋网居于砂浆层厚度中间，并保证配有钢筋网的水平灰缝上下至少各有 2mm 的砂浆层。钢筋网四周应有砂浆保护层，钢筋网边缘的钢筋的砂浆保护层应不小于 15mm。钢筋网的间距不应大于 5 皮砖，且不应大于 400mm。

（2）面层和砖组合砌体。

1）放线、立皮数杆、盘角、挂线、留槎、砂浆拌制、留置临时施工洞口和脚手眼的设置，参见本章“一、砖砌体工程”相关内容。

2）钢筋设置。受力钢筋的选用符合设计要求，钢筋设置应在砌筑同时，按照箍筋或拉结筋的竖向间距，在砌体的水平灰缝内放置箍筋或拉结钢筋。

3）钢筋绑扎。纵向受力钢筋与箍筋绑扎牢固，在组合砖墙中，纵向受力钢筋与拉结钢筋绑扎牢固，水平分布钢筋与纵向受力钢筋绑扎牢固。

4）混凝土或砂浆准备。面层混凝土强度等级符合设计要求。面层水泥砂浆强度等级不得低于 M7.5，砂浆面层的厚度要符合要求。

5）混凝土或砂浆浇筑。面层施工前，应清除面层底部杂物，浇水湿润模板及砖砌体面。分层浇灌混凝土或砂浆，并用振捣棒捣实。

6）拆模和面层养护。面层混凝土或砂浆的强度达到要求时，方可拆除模板。模板拆除后，应及时对有缺陷的部位修整并浇水养护。

（3）构造柱和砖组合砌体。

1）放线、立皮数杆、盘角、挂线、留槎、砂浆拌制、留置临时施工洞口和脚手眼的设置，参见本章“一、砖砌体工程”相关内容。

2）构造柱钢筋绑扎。

①钢筋的采用符合设计要求，竖向钢筋绑扎前必须做除锈、调直处理。钢筋末端应做弯钩。

②底层构造柱的竖向受力钢筋与基础圈梁（或混凝土底脚）的锚固长度不应小于 35 倍竖向钢筋直径，并保证钢筋位置正确。

③构造柱应沿整个建筑物高度对正贯通，严禁层与层之间构造柱相互错位。

3）砖砌体砌筑。

①参见本章“一、砖砌体工程”相关内容。

②烧结普通砖墙所用砖的强度等级和砌筑砂浆的强度等级符合设计要求。

③保证构造柱脚为大断面砖墙，与构造柱的连接处应砌成马牙槎，拉结钢筋

的设置要符合要求。

4）构造柱支模。

①在每层砖墙及其马牙槎砌好后，应立即支设模板，模板必须与所在墙的两侧严密贴紧，支撑牢固，防止模板缝漏浆。

②在逐层安装模板之前，必须根据构造柱轴线校正竖向钢筋位置和垂直度。

③箍筋间距应准确，并分别与构造柱的竖筋和圈梁的纵筋相垂直，绑扎牢靠。

④构造柱钢筋的混凝土保护层厚度不得小于15mm。

⑤模板内的杂物清理干净。

5）混凝土浇筑。

①在构造柱浇筑混凝土前，必须将马牙槎部位和模板浇水湿润（钢模板面不浇水，刷隔离剂），将模板内的砂浆残块、砖渣等杂物清理干净。并在结合面处注入适量与构造柱混凝土相同的去石水泥砂浆。

②浇筑构造柱的混凝土的坍落度符合设计要求，保证浇筑密实。混凝土应随拌随用。

③浇捣构造柱混凝土时，振捣棒随振随拔，每次振捣层的厚度不得超过振捣棒有效长度的1.25倍，振捣棒应避免直接触碰钢筋和砖墙，严禁通过砖墙传振，以免砖墙鼓肚和灰缝开裂。

④新老混凝土接槎处，须先用水冲洗、湿润，铺10～20mm厚的水泥砂浆（用原混凝土配合比去掉石子），方可继续浇筑混凝土。

⑤在砌完一层墙后和浇筑该层构造柱混凝土前，及时对已砌好的独立墙体加稳定支撑，必须在该层构造柱混凝土浇捣完毕后，才能进行上一层的施工。

（4）配筋砌块砌体。

1）放线、立皮数杆、砂浆拌制参见本章“二、混凝土小型空心砌块砌体工程”相关内容。

2）配筋砌体剪力墙构造配筋。

①剪力墙钢筋的选用、放置符合设计要求。

②剪力墙沿竖向和水平方向的构造配筋率均不宜小于0.07%。

3）配筋砌块柱构造配筋要点。

①当纵向受力钢筋的配筋率大于0.25%，且柱承受的轴向力大于受压承载力设计值的25%时，柱应设箍筋；当配筋率小于等于0.25%，或柱承受的轴向力小于受压承载力设计值的25%时，柱中可不设箍筋。

②箍筋直径不宜小于 6mm，箍筋的间距不应大于 16 倍的纵向钢筋直径、48 倍箍筋直径及柱截面短边尺寸中较小者。

③箍筋应做成封闭状，端部应有弯钩，设置在水平灰缝或灌孔混凝土中。

4）砌块的砌筑。配筋砌块砌体施工前，应按设计要求，将所配置钢筋加工成型，堆置于配筋部位的近旁。砌块的砌筑应与钢筋设置相互配合。

5）钢筋设置。

①钢筋的接头：钢筋直径大于 22mm 时宜采用机械连接接头，其他直径的钢筋可采用搭接接头。

②水平受力钢筋（网片）的锚固和搭接长度。

a. 在凹槽砌块混凝土带中钢筋的锚固长度不宜小于 $30d$，且其水平或垂直弯折段的长度不宜小于 $15d$ 或 200mm；钢筋的搭接长度不宜小于 $35d$。

b. 在砌体水平灰缝中，钢筋的锚固长度不宜小于 $50d$，且其水平或垂直弯折段的长度不宜小于 $20d$ 或 150mm；钢筋的搭接长度不宜小于 $55d$。

c. 在隔皮或错缝搭接的灰缝中为 $50d+2h$（$d$ 为灰缝受力钢筋直径，$h$ 为水平灰缝的间距）。

③钢筋的最小保护层厚度。

a. 灰缝中钢筋外露砂浆保护层不宜小于 15mm。

b. 位于砌块孔槽中的钢筋保护层，在室内正常环境不宜小于 20mm；在室外或潮湿环境中不宜小于 30mm。

c. 对安全等级为一级或设计使用年限大于 50 年的配筋砌体，钢筋保护层厚度应比上述规定至少增加 5mm。

④钢筋的弯钩。钢筋骨架中的受力光面钢筋，应在钢筋末端做弯钩，弯钩应为 180°。在焊接骨架、焊接网以及受压构件中，可不做弯钩；绑扎骨架中的受力变形钢筋，在钢筋的末端可不做弯钩。

⑤钢筋的间距。

a. 两平行钢筋间的净距不应小于 25mm。

b. 柱和壁柱中的竖向钢筋的净距不宜小于 40mm（包括接头处钢筋间的净距）。

4. 季节性施工质量检查

（1）砂浆、混凝土宜用普通硅酸盐水泥拌制，石灰膏等掺合料应有防冻措施；如遭冻，必须融化后方可使用。砂中不得含有大于 10mm 的冻块。

（2）砂应清除冰霜，冬季不浇水，应适当增大砂浆的稠度。

(3) 砌砖一般采用掺盐砂浆，其掺盐量、材料加热温度均按冬期施工方案规定执行。砂浆使用时的温度不应低于5℃。

(4) 当气温在5℃以下，混凝土搅拌用水应适当加热，并掺加适用的早强抗冻剂，使混凝土浇灌入模温度不低于5℃，模板及混凝土表面应用塑料薄膜和草袋、草垫进行严密覆盖保温，不得浇水养护。

(5) 雨期施工时，应防止雨水冲刷砂浆；砂浆的稠度应适当减小。每天砌筑高度不宜超过1.2m，收工时覆盖砌体上表面。

5. 成品保护

(1) 在砖墙上支设圈梁模板时，防止碰动最上一皮砖。模板支设应保证钢筋不受扰动。

(2) 避免踩踏、碰动已绑扎好的钢筋；绑扎构造柱和圈梁钢筋时，不得将砖墙和梁底砖碰松动。

(3) 砂浆稠度应适宜，砌墙时应防止砂浆溅脏墙面。浇筑混凝土时，防止漏浆掉灰污染清水墙面。散落在楼板上的混凝土应及时清理干净。

(4) 当浇筑构造柱混凝土时，振捣棒应避免直接碰触砖墙，并不得碰动钢筋、埋件，防止位移。

(5) 墙体拉结筋、抗震构造柱钢筋、大模板混凝土墙体钢筋及各种预埋件、水暖、电气管线均应注意保护，不得任意拆改或损坏。

(6) 各类混凝土浇筑完毕后，要加强养护，一般不小于7天，保持混凝土表面湿润即可。

6. 质量常见问题及防治

配筋砌体抗压强度低。墙面易出现裂缝和局部压碎现象，严重的造成房屋倒塌。

防治措施：对已砌筑于砌体中的不合格砌块，如条件许可，应拆除重砌。特别是在受力部位，即使上部结构已经完成，但砌的数量不多，面积不大时，一般应在做好临时支撑以后，将不合格砌块拆除，重新砌筑；待砌体达到一定强度以后，方能撤去临时支撑。如果砌体中已砌进较多的不合格砌块，或分布面较广又难于拆除时，需要在结构验算后，进行加固补强。

# 第十章

# 屋面工程施工质量检查控制要点

## 一、保温层

1. 施工作业条件检查

（1）铺设保温层的屋面基层施工完毕，并经检验办理交接验收手续。屋面上的吊钩及其他露出物应清除，残留的灰浆应铲平，屋面应清理干净。

（2）屋面保温隔热工程施工环境气温要求：

1）粘结保温板：有机胶粘剂不低于－10℃；无机胶粘剂不低于5℃；

2）现喷硬泡聚氨酯：15～30℃。

（3）有隔汽层的屋面，应先将基层清扫干净，使表面平整、干燥，不得有酥松、起砂、起皮等情况，并按设计要求铺设隔汽层。

（4）现喷硬泡聚氨酯保温层施工前应对喷涂设备进行调试，对喷涂试块进行材料性能检测。

2. 进场材料检验及复检

（1）对材料的品种、规格、包装、外观和尺寸等进行检查验收，并应经监理工程师（建设单位代表）确认，形成相应质量验收记录。

（2）屋面工程使用的材料应符合国家现行有关标准对材料有害物质限量的规定，不得对周围环境造成污染。

（3）屋面各构造层的所有组成材料的材性应彼此相容，且不得相互腐蚀。

（4）保温材料堆放应有防雨措施，不得雨淋；对正在施工或施工完的保温层，应做好防雨措施。

（5）胶粘剂应与板状保温材料材性相容，并应贴严、粘牢。

3. 过程质量控制与检查要点

（1）排湿措施。当保温层干燥有困难时，应采取以下排湿措施：

1）在保温层及找平层上留设排汽道，排汽道间距宜为6m，并纵横贯通。

2）在保温层的排汽道中可填入透气性好的材料；排汽道应与大气相连。

3）在纵横排汽道交叉处或檐口侧面应设排汽孔，并与排汽道连通。

4）排汽孔应固定牢靠，并做防水处理。

（2）保温层设置在防水层之上时，应符合下列要求：

1）保温层施工前，防水层应经蓄水或淋水检验，并确认防水层无渗漏现象。

2）保温层应采用吸水率小、长期浸水不腐烂的保温材料。

3）板状保温材料应铺平垫稳，拼缝严密。

4）保温层上应做卵石或水泥砂浆、混凝土保护层。

5）保护层与保温层之间应设置隔离层。

6）檐沟、水落口部位，应做好排水处理。

（3）纤维毡体保温层施工。

1）应先在基层上铺设木质或金属龙骨，填充纤维毡体，再在龙骨上铺钉水泥加压板。木龙骨应经防腐处理；金属龙骨和固定件应经防锈处理，龙骨下面与基层之间应铺设隔热垫。

2）纤维毡体填充后，不得上人踩踏。

3）纤维毡体应按平面拼接和分层铺设；平面拼接缝应贴紧，上下层拼接缝应相互错开。

4）纤维毡体宜用塑料袋包装。干铺的纤维毡体应紧靠在需保温的基层表面；屋面坡度较大时，应在基层上粘结塑料钉将纤维毡体固定。

（4）板状材料保温层施工。

1）干铺法施工。

①板状保温材料应紧靠在需保温的基层表面上，铺平垫稳。

②相邻板块应错缝拼接，分层铺设的板块上下层接缝应相互错开；板间缝隙应采用同类材料的碎屑嵌填密实。

③对保温层与基层连接部位，应按表面形状修整保温层。

2）粘贴法施工。

①胶粘剂应与板状保温材料材性相容，并应贴严、粘牢。

②板状保温材料粘贴后，在胶粘剂固化前不得上人踩踏。

（5）现喷硬泡聚氨酯保温层。

1）喷涂作业，喷嘴与施工基面的间距宜为800～1200mm。

2）根据设计厚度，一个作业面应分遍喷涂完成，每遍厚度不宜大于15mm。硬泡聚氨酯喷涂后20min内严禁上人。

3）突出屋面结构的交接处以及基层的转角处，均应做成圆弧形，圆弧半径不应小于50mm。

（6）保温层的细部要求。

1）天沟、檐沟与屋面交接处保温层的铺设：铺设天沟、檐沟与屋面交接处的保温层时，保温材料要铺设至不小于墙厚的1/2处，防止出现冷桥断层。

2）排气管道埋设：用于铺有保温层的屋面。

4. 季节性施工质量检查

（1）冬期施工采用的屋面保温材料应符合设计要求，并不得含有冰雪、冻块和杂质。

（2）干铺的保温层可在负温度下施工，采用沥青胶结的整体保温层和用有机胶粘剂粘贴的板状保温层应在气温不低于－10℃时施工，采用水泥、石灰或乳化沥青胶结的整体保温层和板状保温层应在气温不低于5℃时施工。当气温低于上述要求时，应采取保温、防冻措施。

（3）采用水泥砂浆粘贴板状保温材料以及处理板间缝隙，可采用掺有防冻剂的保温砂浆，防冻剂掺量应通过试验确定。

（4）干铺的板状保温材料在负温施工时，板材应在基层表面铺平垫稳，分层铺设。板块上下层缝应相互错开，缝间隙应采用同类材料的碎屑填嵌密实。

（5）雨雪天或五级及以上大风天气不得施工。当施工中途下雨、下雪时，应采取遮盖措施。

（6）雨期施工时，如突遇大雨，已施工还没有做保护层或防水层的松散保温材料要用彩条布盖好，并应有畅通的排水措施，作业面上还没有使用的保温材料和施工用具要及时收入仓库，垃圾应及时清理干净。

5. 成品保护

（1）保温材料运到现场，应堆放在平整坚实场地上分别保管、遮盖，防止雨淋、受潮或破损、污染。

（2）在已铺完的保温层上行走胶轮车，应垫脚手板保护。

（3）保温层施工完成后，应及时铺抹找平层，以减少受潮和雨水进入使含水率增大。

6. 质量常见问题及防治

（1）板状保温材料使用前，应严格按照有关标准进行选择，并加强保管和处理，板状保温材料的质量指标应符合要求，不符合要求的材料不得使用。

（2）应注意保温层边角处质量问题（如边角不直、边槎不齐整），以免影响找坡、找平和排水。

（3）施工应严格按照要求操作，严格验收管理，以免板状保温材料铺贴不实，影响保温、防水效果，造成找平层裂缝。

（4）施工时应将基层清理干净，以免聚氨酯硬泡体保温层从基层上拱起或脱离。

（5）应注意避免保温层边角处的质量问题（如边角不直、边槎不齐整），以免影响找坡、找平和排水。

（6）屋面与山墙、女儿墙、天沟、檐沟以及突出屋面结构的连接处，整体保温层的细部构造应符合设计要求，以免形成防水薄弱点。

## 二、卷材防水屋面

1. 施工作业条件检查

（1）铺贴卷材的基层应进行检查，并办理交接验收手续。基层表面应平整、坚实、干燥、清洁，并不得有酥松、起砂和起皮等缺陷；其平整度用2m直尺检查，空隙不大于5mm。

（2）屋面找平层的泛水坡度，应符合设计要求，不得出现积水现象。

（3）基层和突出屋面结构（女儿墙、天窗壁、变形缝、伸缩缝、阴阳角、烟囱、管道等）连接部位以及基层转角处（檐口、天沟、斜沟、落水口、屋脊等）均应做成圆弧形。

（4）屋面保温层干燥有困难时，可采用排汽屋面的做法，应在找平层上事先做好排汽道和排汽孔等。

（5）所有穿过屋面的管道、埋设件、屋面板吊钩、拖拉绳等应做好基层处理。

2. 进场材料检验及复检

质量员在施工前应注意材料在运输及存储过程中是否发生影响施工质量的变化，对于易变质材料还要注意是否在有效期内。

对于基层处理剂、接缝胶粘剂、密封材料等配套材料，所选用的品种应与铺贴的卷材材性相容，且都在有效期内。

3. 过程质量控制与检查要点

（1）基层处理。铺设屋面隔汽层和防水层前，基层必须干净、干燥。

（2）冷底子油涂刷。

1）冷底子油的干燥时间应视其用途定为：

①在水泥基层上涂刷的慢挥发性冷底子油为12～48h。

②在水泥基层上涂刷的快挥发性冷底子油为5～10h。

2）在熬好的沥青中加入慢挥发性溶剂时，沥青的温度不得超过140℃，如加入快挥发性溶剂，则沥青温度不应超过110℃。

3）涂刷冷底子油的找平层表面，要求平整、干净、干燥。如个别地方较潮湿，可用喷灯烘烤干燥。

4）涂刷冷底子油的品种应视铺贴的卷材而定，不可错用。焦油沥青低温油毡，应用焦油沥青冷底子油。

5）涂刷冷底子油要薄而匀，无漏刷、麻点、气泡。

（3）卷材铺贴方向要求。上下层卷材不得相互垂直铺贴。

（4）卷材反搭接宽度要求。铺贴卷材采用搭接法时，上下层及相邻两幅卷材的搭接缝应错开。各种卷材搭接宽度见表10-1。

**表10-1　　卷材搭接宽度**　　单位：mm

| 卷材种类 \ 铺贴方法 | | 短边搭接 | | 长边搭接 | |
|---|---|---|---|---|---|
| | | 满粘法 | 空铺、点粘、条粘法 | 满粘法 | 空铺、点粘、条粘法 |
| 沥青防水卷材 | | 100 | 150 | 70 | 100 |
| 高聚物改性沥青防水卷材 | | 80 | 100 | 80 | 100 |
| 合成高分子防水卷材 | 胶粘剂 | 80 | 100 | 80 | 100 |
| | 胶粘带 | 50 | 60 | 50 | 60 |
| | 单缝焊 | 60，有效焊接宽度不小于25 | | | |
| | 双缝焊 | 80，有效焊接宽度10×2+空腔宽 | | | |

（5）冷粘法铺贴卷材。

1）胶粘剂涂刷应均匀，不露底，不堆积。

2）根据胶粘剂的性能，应控制胶粘剂涂刷与卷材铺贴的时间间隔。

3）铺贴的卷材下面的空气应排尽，并辊压粘结牢固。

4）铺贴卷材应平整顺直，搭接尺寸准确，不得扭曲、皱褶。

5）接缝口应用密封材料封严，宽度不应小于10mm。

（6）热熔法铺贴卷材。

1）火焰加热器加热卷材应均匀，不得过分加热或烧穿卷材；厚度小于3mm的高聚物改性沥青防水卷材严禁采用热熔法施工。

2）卷材表面热熔后应立即滚铺卷材，卷材下面的空气应排尽，并辊压粘结牢固，不得空鼓。

3）卷材接缝部位必须溢出热熔的改性沥青胶。

4）铺贴的卷材应平整顺直，搭接尺寸准确，不得扭曲、皱褶。

（7）自粘法铺粘卷材。

1）铺贴卷材前基层表面应均匀涂刷基层处理剂，干燥后应及时铺贴卷材。

2）铺贴卷材时，应将自粘胶底面的隔离纸全部撕净。

3）卷材下面的空气应排尽，并辊压粘结牢固。

4）铺贴的卷材应平整顺直，搭接尺寸准确，不得扭曲、皱折。搭接部位宜采用热风加热，随即粘贴牢固。

5）接缝口应用密封材料封严，宽度不应小于10mm。

（8）卷材热风焊接。

1）焊接前卷材的铺设应平整顺直，搭接尺寸准确，不得扭曲、皱褶。

2）卷材的焊接面应清扫干净，无水滴、油污及附着物。

3）焊接时应先焊长边搭接缝，后焊短边搭接缝。

4）控制热风加热温度和时间，焊接处不得有漏焊、跳焊、焊焦或焊接不牢现象。

5）焊接时不得损害非焊接部位的卷材。

（9）沥青玛瑞脂的配制和使用。

1）施工中应按确定的配合比严格配料，每工作班应检查软化点和柔韧性。

2）热沥青玛瑞脂的加热温度不应高于240℃，使用温度不应低于190℃。

3）冷沥青玛瑞脂使用时应搅匀，稠度太大时可加少量溶剂稀释搅匀。

4）沥青玛瑞脂应涂刮均匀，不得过厚或堆积。

（10）天沟、檐沟、檐口、泛水和立面卷材收头的处理。天沟、檐沟、檐口、泛水和立面卷材收头的端部应裁齐，塞入预留凹槽内，用金属压条钉压固定，最大钉距不应大于900mm，并用密封材料嵌填封严。

（11）保护层。卷材防水层完工并经验收合格后，应做好成品保护。保护层的施工应符合下列规定。

1）绿豆砂应清洁、预热、铺撒均匀，并使其与沥青玛瑞脂粘结牢固，不得残留未粘结的绿豆砂。

2）云母或蛭石保护层不得有粉料，撒铺应均匀，不得露底，多余的云母或

3）水泥砂浆保护层的表面应抹平压光，并设表面分格缝，分格面积宜为 $1m^2$。

4）块体材料保护层应留设分格缝，分格面积不宜大于 $100m^2$，分格缝宽度不宜小于 20mm。

5）细石混凝土保护层，混凝土应密实，表面抹平压光，并留设分格缝，分格面积不大于 $36m^2$。

6）浅色涂料保护层应与卷材粘结牢固，厚薄均匀，不得漏涂。

7）水泥砂浆、块材或细石混凝土保护层与防水层之间应设置隔离层。

8）刚性保护层与女儿墙、山墙之间应预留宽度为 30mm 的缝隙，并用密封材料嵌填严密。

4. 季节性施工质量检查

沥青防水卷材严禁在雨天、雪天施工，五级及以上大风天气不得施工，环境气温低于 5℃时不宜施工；气温高于 35℃时，应尽量避开中午施工，热熔法施工温度不应低于－10℃；冷粘法施工温度不宜低于 5℃；其他卷材施工气温不宜低于 0℃。中途下雨时，应做好已铺卷材周边的防护工作。

5. 成品保护

（1）已做好的保温层、找平层应妥善保护，卷材铺设完后应及时做好保护；操作人员在其上行走，不得穿有钉的鞋；手推胶轮车在屋面运输材料，支腿应用麻袋包扎，或在屋面上铺板，防止将卷材划破。

（2）伸出屋面的管道、地漏、变形缝、盖板等，不得碰坏或不得使其变形、变位。

（3）当高跨屋面为无组织排水时，低跨屋面受水冲刷的部位应加铺一层整幅卷材，再铺设 300～500mm 宽的板材加强保护；当有组织排水时，水落管下应加设钢筋混凝土水簸箕。

（4）卷材屋面竣工后，禁止在其上凿眼、打洞或做安装、焊接等操作，以防破坏卷材，造成漏水。

（5）施工时，严格防止基层处理剂、各种胶粘剂和着色剂污染已完工的墙壁、檐口、饰面层等。

6. 质量常见问题及防治

（1）沥青卷材防水屋面。

1）卷材屋面开裂。一种情况是装配式结构屋面上出现的有规则横向裂缝。当屋面无保温层时，这种横向裂缝往往是通长和笔直的，位置正对屋面板支座的上端；当屋面有保温层时，裂缝往往是断续的、弯曲的，位于屋面板支座两边10～50cm的范围内。这种有规则裂缝一般在屋面完工后1～4年的冬季出现，开始细如发丝，以后逐渐加剧，一直发展到1～2mm以至更宽。另一种情况是无规则裂缝，其位置、形状、长度各不相同，出现的时间也无规律，一般贴补后不再裂开。

防治措施：

对有规则裂缝，应先清除缝内杂物及裂缝两侧面层的浮灰，并喷涂基层处理剂，然后在裂缝内嵌填密封材料，缝上单边点粘宽度不小于100mm卷材隔离层，面层应用宽度大于300mm的卷材粘贴覆盖（在隔离层处应空铺），且与原防水层的有效粘结宽度不应小于100mm（见图10-1）。

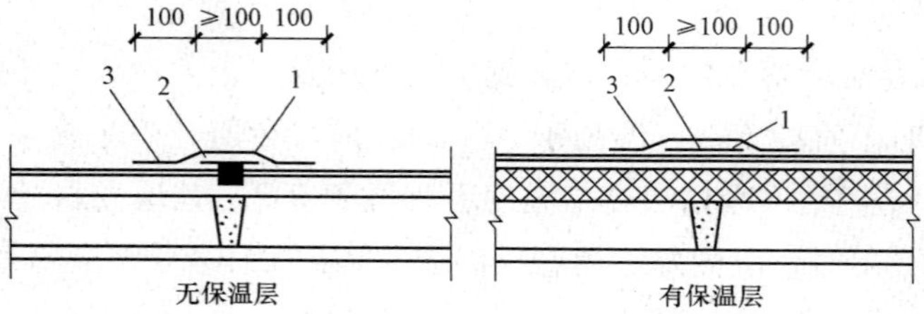


图10-1　嵌缝、贴缝治理裂缝

1—密封材料；2—卷材隔离层；3—防水卷材

无规则裂缝的位置、形状、长度各不相同，宜沿裂缝铺贴宽度不小于250mm的卷材，或涂刷带有脂体增强材料的涂膜防水层，其厚度宜为1.5mm。治理前，应先将裂缝处杂物及面层浮灰清除干净，待干燥后再按上述方法满粘或满涂，贴实封严。

2）流淌。

流淌有三种程度：

a. 严重流淌。流淌面积占屋面50%以上，大部分流淌长度超过卷材搭接长度。卷材大多折皱成团，垂直面卷材拉开脱空，卷材横向搭接有严重错动。在一些脱空和拉断处，产生漏水。

b. 中等流淌。流淌面积占屋面20%～50%，大部分流淌长度在卷材搭接长度范围之内，屋面有轻微褶皱，垂直面卷材被拉开100mm左右，只有无沟卷材脱空耸肩。

c. 轻微流淌。流淌面积占屋面20%以下，流淌长度仅20～30mm，在屋架端坡处有轻微褶皱。

坡处有轻微褶皱。

防治措施：严重流淌的卷材防水层可考虑拆除重铺。轻微流淌如不发生渗漏，一般可不予治理。中等流淌可采用下列方法治理。

a. 切割法。对于天沟卷材耸肩脱空等部位，可先清除绿豆砂，切开已脱空的卷材，刮除卷材底下积存的旧玛琋脂，待内部冷凝水晒干后，将下部已脱开的卷材用新的玛琋脂粘贴好，然后再加铺一层卷材，最后将上部卷材粘结盖上。

b. 局部切除重铺。对于天沟处折皱成团的卷材，如图 10-2（a）所示，先予以切除，仅保存原有卷材较为平整的部分，使之沿天沟纵向成直线（也可用喷灯烘烤玛琋脂后，将卷材剥离）；然后按如图 10-2（b）所示处理。新旧卷材的搭接应按接槎法或搭槎法进行。

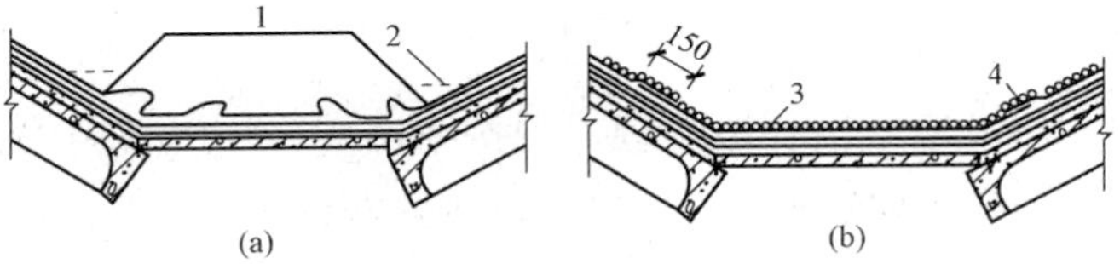


图 10-2　局部切除重铺法治理流淌

（a）修理前；（b）修理后

1—此处局部切开；2—虚线所示揭开 150mm；3—新铺天沟卷材；4—盖上原有卷材

3）卷材起鼓一般在施工后不久出现。在高温季节，有时上午施工下午就起鼓。鼓泡一般由小到大，逐渐发展，大的直径可达 200～300mm，小的约数十毫米，大小鼓泡还可能成片串联。起鼓一般从底层卷材开始。将鼓泡剖开后可见内部呈蜂窝状，玛琋脂被拉成薄壁，鼓泡越大，“蜂窝壁”越高，甚至被拉断。“蜂窝孔”的基层，有时带小白点，有时呈深灰色，还有冷凝水珠。

防治措施：

①直径 100mm 以下的中、小鼓泡可用抽气灌油法治理。此时先在鼓泡的两端用铁钻子钻眼，然后在孔眼中各插入一支兽医用的针管，其中一支抽出鼓泡内部的气体，另一支灌入纯 10 号建筑石油沥青稀液，边抽边灌。灌满后拔出针管，用力把卷材压平贴牢，用热沥青封闭针眼，并压上几块砖，几天后再将砖移去即成。

②直径 100～300mm 的鼓泡可用“开西瓜”法治理。先按如图 10-3（a）所示铲除鼓泡处的绿豆砂，用刀将鼓泡按斜十字形割开，放出鼓泡内气体，擦干水，清除旧玛琋脂，再用喷灯把卷材内部烘干。随后按如图 10-3（b）编号1～3

的顺序把旧卷材分片重新粘贴好，再新贴一块方形卷材“4”（其边长比开刀范围大出50～60mm），压入卷材“5”下，最后粘贴覆盖好卷材“5”，四边搭接处用铁熨斗加热抹压平整后，重做绿豆砂保护层。上述分片铺贴顺序是按屋面流水方向先下再左右后上。

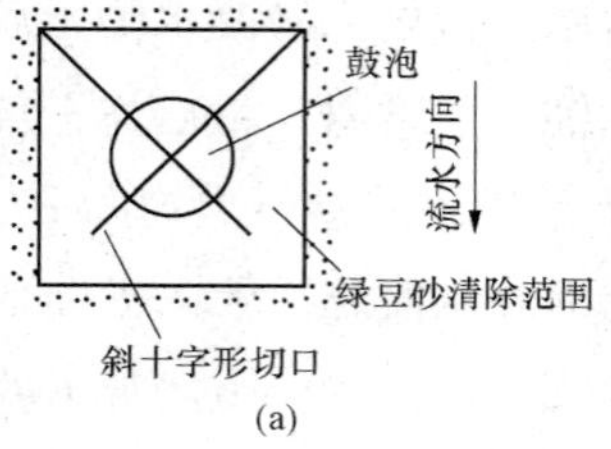

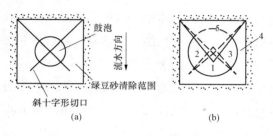


图 10-3 “开西瓜”法治理鼓泡

（a）十字形切开；（b）重新粘好

③直径更大的鼓泡用割补法治理。先按如图 10-4 所示用刀把鼓泡卷材割除，按上一作法进行基层清理，再用喷灯烘烤旧卷材槎口，并分层剥开，除去旧玛瑺脂后，依次粘贴好旧卷材“1～3”，上铺一层新卷材（四周与旧卷材搭接不小于50mm），然后贴上旧卷材“4”。再依次粘贴旧卷材“5～7”，上面覆盖第二层新卷材，最后粘贴卷材“8”，周边熨平压实，重做绿豆砂保护层。

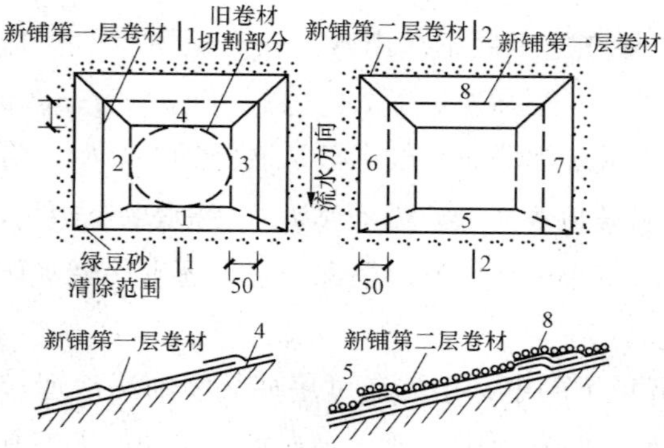


图 10-4 割补法治理鼓泡

（2）合成高分子防水卷材屋面。

1）合成高分子防水卷材采用冷粘法铺贴工艺，在施工后卷材屋面易产生规则、分散状众多裂缝，并引起渗漏。

防治措施：对于大面积裂缝，可满涂聚合物水泥防水涂料（俗称JS复合涂

2）屋面遇雨水时发生渗漏。

防治措施：

①檐口、女儿墙、屋脊、伸缩缝、天沟、水落口、阴阳角（转角）及各种伸出屋面设施的周围等部位，统称为细部构造。这些部位如设计不当，以及卷材收头时封闭不严，都会成为渗漏水的通路。对于细部构造，在大面积铺贴卷材前，必须用合成高分子防水涂料或常温自硫化型的自粘性密封胶带作附加防水层，进行增强处理。

②立面或大坡面铺贴合成高分子防水卷材应采用满粘法工艺，并宜减少短边搭接。另外，立面卷材收头的端部应裁齐，压实预留的凹槽，并用压条或垫片钉压固定；最大钉距不应大于 900mm，上口需用密封材料封死。

③屋面基层必须平整，并按设计坡度施工。铺贴卷材时如发现局部有积水，此时可用聚合物砂浆填补平整，以免卷材浸水引起腐烂。

④在铺贴卷材前，事先要在屋面上弹出基准线，并进行试铺。铺贴时卷材应按屋面长度方向配置，尽量减少接头数量；并要按顺流水坡度方向，由低处向高处顺序铺贴（即顺水接槎），逐渐顺压至屋脊，最后用一条卷材封脊铺贴平整、美观，并使两幅卷材之间接缝宽度达到均匀一致。

3）卷材铺贴后，目测有起鼓现象。经敲击出现空鼓声。

防治措施：当卷材防水层局部起鼓时，应用针扎眼抽出空气（或溶剂），然后将内部杂物清理干净，并把已割破的卷材周围仔细磨平，最后再铺贴比损伤部位外径大 100mm 以上的卷材。

## 三、涂膜防水屋面

1. 施工作业条件检查

（1）屋面涂膜防水层施工前，应认真审核图纸，做好施工方案并经审批。各道工序应建立自检、交接检和专职人员检查的“三检”制度，并有完善的检查记录。防水层施工前，应经监理单位（或建设单位）检查验收。

（2）防水层施工应由经资质审查合格的防水专业队伍进行施工。作业人员应持有当地建设行政主管部门颁发的上岗证。

（3）防水层材料应有产品合格证书和性能检测报告，材料的品种、规格、性能等应符合现行国家产品标准和设计要求，并经抽样复试合格。

（4）涂刷防水层的基层表面，应将尘土、杂物彻底清扫干净；表面残留的灰浆硬块及突出部分应清除干净，不得有空鼓、开裂及起砂、脱皮等缺陷。设备预埋件已安装好。

（5）伸出屋面的管道、设备或预埋件等，应在防水层施工前安设完毕。屋面防水层完工后，不得在其上凿孔打洞，避免重物冲击。

（6）防水层施工严禁在雨天、雪天和五级及以上大风天气施工。溶剂型防水涂料施工时环境气温不得低于－5℃，水溶型防水涂料施工时环境气温不得低于－10℃。

（7）基层坡度应符合设计要求，在坡度大于25%的屋面上施工时，应采取固定措施。固定点应密封严密。

（8）基层表面应保持干燥，并要平整、牢固，阴阳角转角处应做成圆弧或钝角。采用聚合物水泥防水涂料施工，可在潮湿环境下施工，但基层不得有积水。

2. 进场材料检验及复检

质量员在施工前应注意材料在运输及存储过程中是否发生影响施工质量的变化，对于易变质材料还要注意是否在有效期内。

（1）高聚物改性沥青防水涂料。检查其是否包装完好无损，无沉淀、凝胶、分层等现象；并保证在有效期范围内。

（2）合成高分子防水涂料、聚合物水泥防水涂料。检查其包装是否完好无损，并保证在有效期范围内。

（3）胎体增强材料。检查是否有团状、褶皱等现象。

3. 过程质量控制与检查要点

（1）基层处理。

1）涂膜防水层的基层，应符合表中水泥砂浆或细石混凝土找平层的规定。找平层应设分格缝，分格缝应嵌填密封材料。涂膜防水层的基层表面必须平整、清洁（用微潮的棉丝将找平层擦净）、坚固、干燥（含水率不大于9%），且不得有起砂、开裂和空鼓等缺陷，屋面阴阳角、女儿墙、烟囱根、天窗壁、变形缝和伸缩缝等处均已做成半径为50mm的圆弧。

2）涂膜防水层是满粘于找平层的，因此涂膜防水层的找平层应有足够的强度，尽可能不出现裂缝，如出现裂缝应做修补。

3）当屋面结构层采用装配式钢筋混凝土板时，板缝内应浇灌细石混凝土，其强度等级不应小于C20；灌缝的细石混凝土中宜掺微膨胀剂。宽度大于40mm的板缝或上窄下宽的板缝中，应加设构造钢筋。板端缝应进行柔性密封处理。非保温屋面的板缝上应预留凹槽，并嵌填密封材料。

（2）防水涂膜涂刷要求。

1）涂膜应根据防水涂料的品种分层分遍涂布，不得一次涂成。

2）应待先涂的涂层干燥成膜后，方可涂后一遍涂料。

3）需铺设胎体增强材料，屋面坡度小于15%时可平行屋脊铺设，屋面坡度大于15%时应垂直于屋脊铺设。

4）胎体长边搭接宽度不应小于50mm；短边搭接宽度不应小于70mm。

5）采用二层胎体增强材料时，上下层不得相互垂直铺设，搭接缝应错开，其间距不应小于幅宽的1/3。

（3）卷材与涂膜的搭接。在天沟、檐口、泛水或其他基层采用卷材防水时，卷材与涂膜的接缝应顺流水方向搭接，搭接宽度不应小于100mm。

（4）涂膜的厚度要求（见表10-2）。

**表10-2　　涂膜厚度选用**

| 序号 | 屋面防水等级 | 设防道数 | 高聚物改性沥青防水涂料 | 合成高分子防水涂料 |
|---|---|---|---|---|
| 1 | Ⅰ级 | 三道或三道以上设防 | — | 不应小于1.5mm |
| 2 | Ⅱ级 | 二道设防 | 不应小于3mm | 不应小于1.5mm |
| 3 | Ⅲ级 | 一道设防 | 不应小于3mm | 不应小于2mm |
| 4 | Ⅳ级 | 一道设防 | 不应小于2mm | — |

（5）隔汽层铺设。

1）设置隔汽层时，在屋面与墙面连接处，隔汽层应沿墙面向上连续铺设，高出保温层上表面不得小于150mm。

2）隔汽层采用卷材时，卷材搭接宽度不得小于70mm；采用沥青防水涂料时，其耐热度应比室内或室外的最高温度高出20～25℃。

（6）保护层。参见本章“二、卷材防水屋面”相关内容。

（7）高聚物改性沥青防水涂膜。

1）屋面板缝的处理。

①板缝应清理干净；细石混凝土应浇捣密实。板端缝中嵌填的密封材料应粘结牢固、封闭严密。

②抹找平层时，分格缝应与板端缝对齐，均匀顺直，并嵌填密封材料。

③涂层施工时，板端缝部位空铺的附加层，每边距板缝边缘不得小于80mm。

2）高聚物改性沥青防水涂膜涂刷要求。

①最上层涂层的涂刷不应小于两遍，其厚度不应小于1mm。

②防水涂膜应由两层及以上涂层组成。

③涂层应厚薄均匀、表面平整。

④涂层中夹铺胎体增强材料时，宜边涂边铺胎体；胎体应刮平排除气泡，并与涂料粘牢。在胎体上涂布涂料时，应使涂料浸透胎体，覆盖完全，不得有胎体外露现象。

⑤施工顺序应先作节点、附加层，然后再进行大面积涂布。

⑥屋面转角及立面的涂层，应薄涂多遍，不得有流淌、堆积现象。

（8）合成高分子防水涂膜涂刷。

除应符合“高聚物改性沥青防水涂膜”相关要求外，还应符合下列要求。

1）多组分涂料应按配合比准确计量，搅拌均匀，已配成的多组分涂料应及时使用。配料时可加入适量的缓凝剂或促凝剂来调节固化时间，但不得混入已固化的涂料。

2）在涂层中夹铺胎体增强材料时，位于胎体下面的涂层厚度不宜小于1mm；最上层的涂层不应少于两遍。

4. 季节性施工质量检查

（1）在雨、雪天，五级及以上大风天气不得施工。

（2）施工环境温度和湿度应与涂料的要求相符，一般以5～25℃为宜，相对湿度以50％～75％为宜。施工环境温度太高或太低，湿度过大，涂料干燥太慢。涂膜会出流淌、鼓泡、露胎体，皱褶等缺陷。

5. 成品保护

（1）施工人员必须穿软鞋底在屋面操作，并避免在施工完的涂层上走动，以免鞋底及尖硬物将涂层划破。

（2）防水涂层干燥固化后，应及时做保护层，减少不必要的返修。

（3）涂膜防水层施工时，防水涂料不得污染已做好饰面的墙壁和门窗等。

（4）严禁在已施工好的防水层上堆放物品，特别是钢结构件。

（5）穿过屋面的管道应加以保护，施工过程中不得碰坏；地漏、水落口等处施工中应采取措施保持畅通，防止堵塞。

6. 质量常见问题及防治

（1）屋面遇雨水出现渗漏。

防治措施：

1）当发现涂膜防水层有渗漏时，应先查明原因，并根据渗漏程度和范围，制定相应的技术措施，恢复其防水功能。

2）制订修补方案时，尚应考虑屋面结构的安全性（即不超过原屋面结构的设计允许外荷载）；同时还应兼顾屋面的分水与排水走向，不应造成屋面积水。

3）如屋面结构出现裂缝时，应先对裂缝进行治理或采取堵漏；待结构稳定后，方可治理防水层。

4）治理屋面渗漏时，宜采取多道设防、多种防水材料复合使用的技术方案；对于新旧搭接缝部位，还应采取密封处理和增设保护层措施。修复范围应比原有渗漏的周边各扩大 150mm，修复的防水材料及其防水层的厚度，应与原设计标准相当，并要加铺胎体增强材料，适当增加涂刷次数，且在新旧防水层的界面处，须用密封材料封严。

5）维修部位的基层和新旧搭接缝部位，均应达到干净、干燥和平整的要求。如个别部位达不到干燥要求时，可采取“喷火法”进行烘烤，确保修复部位粘结牢固。

（2）涂膜与基层粘结不牢，起皮、起灰。

防治措施：

先将与基层粘结不牢的涂膜铲除并清理干净，再用与原防水层材料性能相当的涂膜（加胎体增强材料）进行覆盖，具体方法参见（1）“屋面遇雨水出现渗漏”的处理方法。

（3）保护层材料破碎脱落、缺棱掉角。

防治措施：

1）粒料保护层脱落时，应先将基面清理干净，重新涂刷粘结材料；边涂刷边抛撒粒料进行修补，待粘结材料干燥后，扫除未粘结的粒料。

2）浅色涂料保护层脱落时，应先将基层清理干净，干燥后重新涂刷保护层材料。

3）刚性保护层脱落时，应将破碎的刚性材料清理干净，再将四周酥松部分凿除，用水充分湿润后，浇筑掺有微膨胀剂的砂浆或混凝土，并抹平压光。

## 四、屋面工程细部构造

1. 施工作业条件检查

（1）根据总的屋面防水施工方案，绘制卷材屋面节点大样图。

（2）进行必要的材料试验和细部操作方法试验。

（3）屋面找平层施工已完成，经检查验收合格。

（4）建筑物雨水管处装饰工程已完成，具备做雨水管的条件。

2. 进场材料检验及复检

参见本章第1～第3节相应材料检验内容。

3. 天沟、檐沟的防水

（1）沟内附加层在天沟、檐沟与屋面交接处宜空铺，空铺的宽度不应小于200mm。

（2）卷材防水层应由沟底翻上至沟外檐顶部，卷材收头应用水泥钉固定，并用密封材料封严。

（3）涂膜收头应用防水涂料多遍涂刷或用密封材料封严。

（4）在天沟、檐沟与细石混凝土防水层的交接处；应留凹槽并用密封材料嵌填严密。

4. 檐口的防水

（1）铺贴檐口800mm范围内的卷材应采取满粘法。

（2）卷材收头应压入凹槽，采用金属压条钉压，并用密封材料封口。

（3）涂膜收头应用防水涂料多遍涂刷或用密封材料封严。

（4）檐口下端应抹出鹰嘴和滴水槽。

5. 女儿墙泛水的防水

（1）砖墙上的卷材收头可直接铺压在女儿墙压顶下，压顶应做防水处理；也可压入砖墙凹槽内固定密封，凹槽距屋面找平层不应小于250mm，凹槽上部的墙体应做防水处理。

（2）涂膜防水层应直接涂刷至女儿墙的压顶下，收头处理应用防水涂料多遍涂刷封严，压顶应做防水处理。

（3）混凝土墙上的卷材收头应采用金属压条钉压，并用密封材料封严。

6. 水落口的防水

（1）水落口杯上口的标高应设置在沟底的最低处。

（2）防水层贴入水落口杯内不应小于50mm。

（3）水落口周围直径500mm范围内的坡度不应小于5%，并采用防水涂料或密封材料涂封，其厚度不应小于2mm。

（4）水落口杯与基层接触处应留宽20mm、深20mm凹槽，并嵌填密封材料。

7. 变形缝的防水

（1）变形缝的泛水高度不应小于 250mm。

（2）防水层应铺贴到变形缝两侧砌体的上部。

（3）变形缝内应填充聚苯乙烯泡沫塑料，上部填放衬垫材料，并用卷材封盖。

（4）变形缝顶部应加扣混凝土或金属盖板，混凝土盖板的接缝应用密封材料嵌填。

8. 伸出屋面管道的防水

（1）管道根部直径 500mm 范围内，找平层应抹出高度不小于 30mm 的圆台。

（2）管道周围与找平层或细石混凝土防水层之间，应预留 20mm×20mm 的凹槽，并用密封材料嵌填严密。

（3）管道根部四周应增设附加层，宽度和高度均不应小于 300mm。

（4）管道上的防水层收头处应用金属箍紧固，并用密封材料封严。

9. 卷材附加层的加铺

在檐口、斜沟、泛水、屋面和突出屋面结构的连接处以及水落口四周，均应加铺一层卷材附加层。

10. 内部排水的水落口安设

内部排水的水落口应用铸铁制品，水落口杯应牢固地固定在承重结构上，全部零件应预先除净铁锈，并涂刷防锈漆。

与水落口连接的各层卷材，均应粘贴在水落口杯上，并用漏斗罩。底盘压紧宽度至少为 100mm，底盘与卷材间应涂沥青胶结材料，底盘周围应用沥青胶结材料填平。

11. 水落口与竖管的连接处处理

（1）水落口与竖管承口的连接处，用沥青麻丝堵塞，以防漏水。

（2）混凝土檐口宜留凹槽，卷材端部应固定在凹槽内，并用玛瑺脂或油膏封严。

12. 屋面与突出屋面结构连接处的处理

屋面与突出屋面结构的连接处，贴在立面上的卷材高度应不小于 250mm。如用薄钢板泛水覆盖时，应用钉子将泛水卷材层的上端钉在预埋的墙上木砖上，泛水上部与墙间的缝隙应用沥青砂浆填平，并将钉帽盖住。薄钢板泛水长向接缝处应焊牢。如用其他泛水时，卷材上端应用沥青砂浆或水泥砂浆封严。

第十一章

# 建筑工程施工质量验收资料管理

## 一、隐蔽工程验收记录

隐蔽工程是指上道工序被下道工序所掩盖，其自身的质量无法再进行检查的工程。

隐检即对隐蔽工程进行检查，并通过表格的形式将工程隐检项目的隐检内容、质量情况、检查意见、复查意见等记录下来，作为以后建筑工程的维护、改造、扩建等重要的技术资料。隐检合格后，方可进行下道工序施工。

1. 隐检程序

隐蔽工程检查是保证工程质量与安全的重要过程控制检查，应分专业（土建专业、给水排水专业、电气专业、通风空调专业等），分系统（机电工程），分区段（划分的施工段），分部位（主体结构、装饰装修等），分工序（钢筋工程、防水工程等），分层进行。

隐蔽工程施工完毕后，由专业工长填写隐检记录，项目技术负责人组织监理单位旁站，施工单位专业工长、质量检查员共同参加。验收后由监理单位签署审核意见，并下审核结论。若检查存在问题，则在审核结论中给予明示。对存在的问题，必须按处理意见进行处理，处理后对该项进行复查，并将复查结论填入栏内。

凡未经过隐蔽工程验收或验收不合格的工程，不允许进行下一道工序的施工。

2. 隐检与检验批验收的关系

隐检与检验批验收都是对受检对象的一种验收。在国家验收规范中，验收与检查在概念上明显不同。验收不能由施工单位自己单方面进行，必须由施工单位之外的监理或建设单位参加，是一种具有公正性的确认或认可，而检查则可以仅由施工单位自己单方面进行。

但是，建筑工程的验收要求比较复杂。隐检与检验批验收虽然都属于验收的范畴，但两者针对的对象、所起的作用有所不同。

检验批验收是所有验收的最基本层次，即所有其他层次（分项、分部、单位工程等）的验收都是建立在检验批验收基础上的，工程的所有部位、工序都应归入某个检验批验收，不应遗漏。而隐蔽工程验收则仅仅针对将被隐蔽的工程部位作出验收。施工中隐蔽工程虽然很多，但一个建筑工程还有大量非隐蔽部位。因此，两者并不相同，隐检与检验批验收应分别进行。

在施工中，隐检验收与检验批验收的关系，可以有之前、之后和等同三种不同情况：

第一种情况——在检验批验收之前进行的隐蔽工程验收。这种情况主要针对某些工作量相对较小的部位或施工做法、处理措施等。如抹灰的不同基层交接部位加强措施、桩孔的沉渣厚度、基槽槽底的清理、胡子筋处理、被隐蔽的重要节点做法、被隐蔽的螺栓紧固、被隐蔽的预埋件防腐阻燃处理等。

这些工作量相对较小的部位或施工做法、处理措施，不宜作为一个检验批来验收，施工中将其列为隐蔽工程验收。

第二种情况——在检验批验收之后进行的隐蔽工程验收。这种情况主要针对某些工作量相对较大的工程部位，如分部、子分部工程等。这些工作量相对较大的工程部位往往作为一个整体，需要同时进行隐蔽，这时可能有若干个检验批已经验收合格。按照国家验收规范规定，这些工程部位在整体隐蔽之前，需作隐蔽工程验收。如整个地基基础的隐蔽验收、主体结构验收（进入装饰装修施工将隐蔽主体结构）等，显然是在检验批验收之后进行。

第三种情况——与检验批验收内容相同的隐蔽工程验收。当隐蔽工程验收针对的部位已经被列为检验批进行验收时，隐蔽工程验收就与检验批验收具有同样的验收内容，此时隐蔽工程验收可与检验批验收合并进行。亦即按照检验批验收的要求进行即可，使用检验批验收单来代替隐蔽工程验收单，不必再重复进行隐蔽工程验收。这种情况见于钢筋安装的验收，屋面保温层验收，各种防水层、找平层验收等。

分清上述三种情况，弄清隐蔽工程验收与检验批验收的关系，不仅有利于施工资料管理，对于工程验收也会有所裨益。

## 二、施工质量验收资料管理

### 1. 施工质量验收记录签认权限及时限要求

施工质量验收记录签认权限及时限要求见表 11 - 1。

表 11-1　　施工质量验收记录签认权限及时限要求

| 序号 | 工程资料名称 | 完成或提交时限 | 主要签认责任 | 责任单位或部门 |
|---|---|---|---|---|
| 1 | 结构实体混凝土强度验收记录 | 地基、主体分部工程验收前提交 | 项目技术负责人 | 项目质量部 |
| 2 | 结构实体钢筋保护层厚度验收记录 | 地基、主体分部工程验收前提交 | 项目技术负责人 | 项目质量部 |
| 3 | 钢筋保护层厚度试验记录 | 分部工程验收前完成 | 试检验单位 | 有资质试验部门提供，试验员收集 |
| 4 | 检验批质量验收记录表 | 随施工同步完成，按周、月提交1次 | 质量、专业工长 | 项目质量部 |
| 5 | 分项工程质量验收记录表 | 分项工程验收前3天提交（混凝土除外） | 项目技术负责人 | 项目质量部 |
| 6 | 分部（子分部）工程验收记录表 | 分部工程验收前3天提交（混凝土除外） | 项目经理 | 项目质量部 |

2. 施工质量验收记录

(1) 结构实体检验记录。

1) 同条件养护试件的留置方式和取样数量，应符合下列要求：

①同条件养护试件所对应的结构构件或结构部位，应由监理（建设）、施工等各方共同选定。

②对混凝土结构工程中的各混凝土强度等级，均应留置同条件养护试件。

③同一强度等级的同条件养护试件，其留置的数量应根据混凝土工程量和重要性确定，不宜多于10组，且不应少于3组。

④同条件养护试件拆模后，应放置在靠近相应结构构件或结构部位的适当位置，并应采取相同的养护方法。

2) 同条件养护试件应在达到等效养护龄期时进行强度试验。

等效养护龄期应根据同条件养护试件强度与在标准养护条件下28天龄期试件强度相等的原则确定。

3) 同条件自然养护试件的等效养护龄期及相应的试件强度代表值，宜根据当地的气温和养护条件，按下列规定确定。

①等效养护龄期可取按日平均温度逐日累计达到600℃·d时所对应的龄期，0℃及以下的龄期不计入；等效养护龄期不应小于14天，也不宜大于60天。

②同条件养护试件的强度代表值应根据强度试验结果按《混凝土强度检验评

保护层厚度验收记录、钢筋保护层厚度试验报告。

1）钢筋混凝土保护层厚度测定由当地建设行政主管部门委托具有相应资质的试验单位进行测定，并出具检测报告。

2）钢筋保护层厚度检验的结构部位和构件数量，应符合下列要求。

①钢筋保护层厚度检验的结构部位，应由监理（建设）、施工等各方根据结构构件的重要性共同选定。

②对梁类、板类构件，应各抽取构件数量的2%且不少于5个构件进行检验；当有悬挑构件时，抽取的构件中悬挑梁类、板类构件所占比例均不宜小于50%。

3）对选定的梁类构件，应对全部纵向受力钢筋的保护层厚度进行检验；对选定的板类构件，应抽取不少于6根纵向受力钢筋的保护层厚度进行检验。对每根钢筋，应在有代表性的部位测量1点。

4）钢筋保护层厚度的检验，可采用非破损或局部破损的方法，也可采用非破损方法并用局部破损方法进行校准。当采用非破损方法检验时，所使用的检测仪器应经过计量检验，检测操作应符合相应规程的规定。

钢筋保护层厚度检验的检测误差不应大于1mm。

5）钢筋保护层厚度检验时，纵向受力钢筋保护层厚度的允许偏差，对梁类构件为＋10mm，－7mm；对板类构件为＋8mm，－5mm。

6）对梁类、板类构件纵向受力钢筋的保护层厚度应分别进行验收。

结构实体钢筋保护层厚度验收合格应符合下列规定。

①当全部钢筋保护层厚度检验的合格点率为90%及以上时，钢筋保护层厚度的检验结果应判为合格。

②当全部钢筋保护层厚度检验的合格点率小于90%但不小于80%，可再抽取相同数量的构件进行检验；当按两次抽样总和计算的合格点率为90%及以上时，钢筋保护层厚度的检验结果仍应判为合格。

③每次抽样检验结果中不合格点的最大偏差均不应大于（2）中5）的规定中允许偏差的1.5倍。

标出该部分的位置[illegible]

②分部（子分部）工程名称按规范划定的[illegible]

③验收部位是指一个分项工程中验收的那个检验批的抽样范围，要按[illegible]情况标注清楚。

④检验批验收记录表中，施工执行标准名称及编号应填写施工所执行的工艺标准的名称及编号，例如，可以填写所采用的企业标准、地方标准、行业标准或国家标准；如果未采用上述标准，也可填写实际采用的施工技术方案等依据，填写时要将标准名称及编号填写齐全，此栏不应填写验收标准。

⑤表格中工程参数等应按实填写，施工单位、分包单位名称宜写全称，并与合同上的公章名称一致，并应注意各表格填写的名称应相互一致；项目经理应填写合同中指定的项目负责人，分包单位的项目经理也应是合同中指定的项目负责人，表头签字处不需要本人签字，由填表人填写即可，只是标明具体的负责人。

3）“施工质量验收规范的规定”栏制表时按 4 种情况印制。

①直接写入：将规范主控项目、一般项目的要求写入。

②简化描述：将质量要求作简化描述，作为检查提示。

③写入条文号：当文字较多时，只将条文号写入。

④写入允许偏差：对定量要求，将允许偏差直接写入。

4）填写“施工单位检查评定记录”栏，应遵守下列要求。

①对定量检查项目，当检查点少时，可直接在表中填写检查数据；当检查点数较多填写不下时，可以在表中填写综合结论，如“共检查 20 处，平均 4mm，最大 7mm”，“共检查 36 处，全部合格”等字样，此时应将原始检查记录附在表后。

②对定性类检查项目，可填写“符合要求”或用符号表示，画“√”或画“×”。

③对既有定性又有定量的项目，当各个子项目质量均符合规范规定时，可填写“符合要求”或画“√”，不符合要求时画“×”。

④无此项内容时画“/”来标注。

⑤在一般项目中，规范对合格点百分率有要求的项目，也可填写达到要求的检查点的百分率。

⑥对混凝土、砂浆强度等级，可先填报告份数和编号，待试件养护至 28 天试压后，再对检验批进行判定和验收，应将试验报告附在验收表后。

⑦主控项目不得出现“×”，当出现画“×”时，应进行返工修理，使之达到合格；一般项目不得出现超过 20%的检查点画“×”，否则应进行返工修理。

⑧有数据的项目，将实际测量的数值填入格内，超过企业标准但未超过国家验收规范的数字用“○”将其圈住；对超过国家验收规范的数字用“△”圈住。

⑨当采用计算机管理时，可以均采用画“√”或画“×”来标注。

“施工单位检查评定记录”栏应由质量检查员填写。填写内容可为“合格”或“符合要求”，也可为“检查工程主控项目、一般项目均符合《××××质量验收规范》(GB×××××－××××）的要求，评定合格”等。质量检查员代表企业逐项检查评定合格后，应如实填表并签字，然后交监理工程师或建设单位项目专业技术负责人验收。

5）检验批检查验收时，一般项目中检查点的合格率，应符合各专业工程施工质量验收规范的规定。其主要原则是：

①主控项目，应该全部达到规范要求。

②一般项目，无论是定性还是定量要求，应有 80%以上检查点达到规范要求，其余 20%的检查点应按各专业工程施工质量验收规范的规定执行。

各专业工程施工质量验收规范中判定一般项目合格的规定大致如下：

属于定量要求的，实际偏差最大不能超过允许偏差的 1.5 倍。但有些项目例外，如混凝土结构的钢筋保护层厚度，检查点合格率应为 90%以上；对钢结构，实际偏差最大不能超过允许偏差的1.2倍。

属于定性要求的，应有80%以上的检查点达到规范规定。其余检查点按各专业工程施工质量验收规范的规定执行，通常规定不能有影响性能的严重缺陷。

6）“监理单位验收记录”栏。通常在验收前，监理人员应采用平行、旁站或巡回等方法进行监理，对施工质量抽查，对重要项目作见证检测，对新开工程、首件产品或样板间等进行全面检查。以全面了解所监理工程的质量水平、质量控制措施是否有效及实际执行情况，做到心中有数。

在检验批验收时，监理工程师应与施工单位质量检查员共同检查验收。监理人员应对主控项目、一般项目按照施工质量验收规范的规定逐项抽查验收。应注意：监理工程师应该独立得出是否符合要求的结论，并对得出的验收结论承担责任。对不符合施工质量验收规范规定的项目暂不填写，待处理后再验收，但应做出标记。

7）“监理单位验收结论”栏。应由专业监理工程师或建设单位项目专业技术负责人填写。

填写前，应对“主控项目”“一般项目”按照施工质量验收规范的规定逐项抽查验收，独立得出验收结论。认为验收合格，应签注“同意施工单位评定结果，验收合格”。

如果检验批中含有混凝土、砂浆试件强度验收等内容，应待试验报告出来后再作判定。

（4）分项工程质量验收记录。分项工程完成（即分项工程所包含的检验批均已完工），施工单位自检合格后，应填报分项工程质量验收记录表和分项/分部工程施工报验表。分项工程质量验收由监理工程师（建设单位项目专业技术负责人）组织项目专业技术负责人等进行验收并签认。

分项工程质量验收记录表填写要求如下：

1）填写要点。

①除填写表中基本参数外，首先应填写各检验批的名称、部位、区段等，注意要填写齐全。

②表中部“施工单位检查评定结果”栏，由施工单位质量检查员填写，可以画“√”或填写“符合要求，验收合格”。

③表中部右边“监理单位验收结论”栏，专业监理工程师应逐项审查，同意项填写“合格”或“符合要求”，如有不同意项应做标记但暂不填写，待处理后再验收；对不同意项，监理工程师应指出问题，明确处理意见和完成时间。

④表下部“检查结论”栏，由施工单位项目技术负责人填写，可填“合格”，然后交监理单位验收。

⑤表下部“验收结论”栏，由监理工程师填写，在确认各项验收合格后，填入“验收合格”。

2）注意事项。

①核对检验批的部位、区段是否全部覆盖分项工程的范围，有无遗漏的部位。

②一些在检验批中无法检验的项目，在分项工程中直接验收，如有混凝土、砂浆强度要求的检验批，到龄期后试压结果能否达到设计要求。

③检查各检验批的验收资料是否完整并作统一整理，依次登记保管，为下一步验收打下基础。

（5）分部（子分部）工程质量验收记录。分部（子分部）工程完成，施工单位自检合格后，应填报分部（子分部）工程质量验收记录表。分部（子分部）工程应由总监理工程师或建设单位项目负责人组织有关设计单位及施工单位项目负责人和技术质量负责人等共同验收并签认。

地基基础、主体结构分部工程完工，施工项目部应先行组织自检，合格后填写“______分部（子分部）工程质量验收记录表”，报请施工企业的技术、质量部门验收并签认后，由建设、监理、勘察、设计和施工单位共同进行分部工程验收，并报建设工程质量监督机构。

分部（子分部）工程质量验收记录表填写要求如下：

1）填写要点。

①表名前应填写分部（子分部）工程的名称，然后将“分部”“子分部”两者画掉其一。

②工程名称、施工单位名称要填写全称，并与检验批、分项工程验收表的工程名称一致。

③结构类型填写设计文件提供的结构类型，层数应分别注明地下和地上的层数。

④技术、质量部门负责人是指项目的技术、质量负责人，但地基基础、主体结构及重要安装分部（子分部）工程应填写施工单位的技术、质量部门负责人。

⑤有分包单位时填写分包单位名称，分包单位要写全称，与合同或图章一致。分包单位负责人及分包技术负责人，填写本项目的项目负责人及项目技术负责人；按规定地基基础、主体结构不准分包，因此不应有分包单位。

⑥“分部工程”栏先由施工单位按顺序将分项工程名称填入，将各分项工程检验批的实际数量填入，注意应与各分项工程验收表上的检验批数量相同，并要将各分项工程验收表附后。

⑦“施工单位检查评定”栏填写施工单位对各分项工程自行检查评定的结果，可按照各分项工程验收表填写，合格的分项工程画“√”或填写“符合要求”，填写之前，应核查各分项工程是否全部都通过了验收，有无遗漏。

注意有龄期要求的试件应检查28天试压是否达到要求，有全高垂直度或总标高要求的检验项目应实际进行测量检查；当自检符合要求时画“√”，否则画“×”。有“×”的项目不能交给监理或建设单位验收，应返修合格后再提交验收，监理单位由总监理工程师组织审查，符合要求的在“验收意见”栏签注“验收合格”。

⑧“质量控制资料验收”栏应按单位（子单位）工程质量控制资料核查记录来核查，但是各专业只需要检查该表内对应于本专业的那部分相关内容，不需要全部检查表内所列内容，也未要求在分部工程验收时填写该表。

核查时，应对资料逐项核对检查，应核查下列几项。

a. 查资料是否齐全，有无遗漏。

b. 查资料的内容有无不合格项。

c. 查资料横向是否相互协调一致，有无矛盾。

d. 查资料的分类整理是否符合要求，案卷目录、份数页数及装订等有无缺漏。

e. 查各项资料签字是否齐全。

当确认能够基本反映工程质量情况，达到保证结构安全和使用功能的要求，该项即可通过验收。全部项目都通过验收，即可在“施工单位检查评定”栏内画“√”或标注“检查合格”，然后送监理单位或建设单位验收，监理单位总监理工程师组织审查，如认为符合要求，则在“验收意见”栏内签注“验收合格”意见。

对一个具体工程，是按分部还是按子分部进行资料验收，需要根据具体工程的情况自行确定。

⑨“安全和功能检验（检测）报告”栏应根据工程实际情况填写。

安全和功能检验，是指按规定或约定需要在竣工时进行抽样检测的项目。这些项目凡能在分部（子分部）工程验收时进行检测的，应在分部（子分部）工程验收时进行检测。具体检测项目可按单位（子单位）工程安全和功能检验资料核查及主要功能抽查记录中相关内容在开工之前加以确定。设计有要求或合同有约定的，按要求或约定执行。

在核查时，要检查开工之前确定的检测项目是否全部进行了检测。要逐一对每份检测报告进行核查，主要核查每个检测项目的检测方法、程序是否符合有关标准规定；检测结论是否达到规范的要求；检测报告的审批程序及签字是否完整等。

如果每个检测项目都通过审查，施工单位即可在检查评定栏内画“√”或标注“检查合格”。由项目经理送监理单位或建设单位验收，监理单位总监理工程师或建设单位项目技术负责人组织审查，认为符合要求后，在“验收意见”栏内签注“验收合格”意见。

⑩“观感质量验收”栏的填写应符合工程的实际情况。

新版验收规范对观感质量的评判有较大修改，现在只作定性评判，不再作量化打分。观感质量等级分为“好”“一般”“差”共 3 档。“好”“一般”均为合格；“差”为不合格，需要修理或返工。

观感质量检查的主要方法是观察。但除了检查外观外，还应对能启动、运转或打开的部位进行启动或打开检查。并注意应尽量做到全面检查，对屋面、地下室及各类有代表性的房间、部位都应查到。

观感质量检查首先由施工单位项目经理组织施工单位人员进行现场检查，检查合格后填表，由项目经理签字后交监理单位验收。

监理单位总监理工程师或建设单位项目专业负责人组织对观感质量进行验收，并确定观感质量等级。认为达到“好”或“一般”，均视为合格。在“分部（子分部）工程观感质量验收意见”栏内填写“验收合格”。评为“差”的项目，应由施工单位修理或返工。如确实无法修理，可经协商实行让步验收，并在验收表中注明。由于“让步验收”意味着工程留下永久性缺陷，故应尽量避免出现这种情况。

关于“验收意见”栏由总监理工程师与各方协商，确认符合规定，取得一致意见后，按表中各栏分项填写。可在“验收意见”各栏填入“验收合格”。

当出现意见不一致时，应由总监理工程师与各方协商，对存在的问题，提出处理意见或解决办法，待问题解决后再填表。

分部（子分部）工程质量验收记录表中，制表时已经列出了需要签字的参加工程建设的有关单位。应由各方参加验收的代表亲自签名，以示负责。通常分部（子分部）工程质量验收记录表不需盖章。勘察单位需签认地基基础、主体结构分部工程，由勘察单位的项目负责人亲自签认。

设计单位需签认地基基础、主体结构及重要安装分部（子分部）工程，由设计单位的项目负责人亲自签认。

施工方总承包单位由项目经理亲自签认，有分包单位的，分包单位应签认其分包的分部（子分部）工程，由分包项目经理亲自签认。

监理单位作为验收方，由总监理工程师签认验收。未委托监理的工程，可由建设单位项目技术负责人签认验收。

2）注意事项。

①核查各分部（子分部）工程所含分项工程是否齐全，有无遗漏。

②核查质量控制资料是否完整，分类整理是否符合要求。

③核查安全、功能的检测是否按规范、设计、合同要求全部完成，未作的应补作，核查检测结论是否合格。

④对分部（子分部）工程应进行观感质量检查验收，主要检查分项工程验收后到分部（子分部）工程验收之间，工程实体质量有无变化，如有，应修补达到合格，才能通过验收。

## 三、工程竣工资料管理

1. 工程竣工验收资料签认权限及时限要求

执行现行建设工程监理规程以及工程资料管理的相关报验管理规定，落实各方相关责任人的签认权限和时限要求。以房屋建筑工程建筑与结构专业为例。

工程管理与验收资料签认权限及时限要求见表11-2。

表11-2　工程管理与验收资料签认权限及时限要求

| 序号 | 工程资料名称 | 完成或提交时限 | 主要签认责任 | 责任单位或部门 |
|---|---|---|---|---|
| 1 | 单位（子单位）工程质量竣工验收记录 | 业主组织单位竣工验收前完成 | 施工单位负责人 | 项目质量部、技术部 |
| 2 | 单位（子单位）工程质量控制资料核查记录 | 施工企业内部竣工预检前完成 | 各专业技术负责人项目经理 | 项目技术部、资料员 |

续表

| 序号 | 工程资料名称 | 完成或提交时限 | 主要签认责任 | 责任单位或部门 |
| --- | --- | --- | --- | --- |
| 3 | 单位（子单位）工程安全和功能检查资料核查及主要功能抽查记录 | 施工企业内部竣工预检前完成 | 各专业技术负责人项目经理 | 项目技术部、资料员 |
| 4 | 单位（子单位）工程观感质量检查记录 | 工程档案预验收前完成 | 项目经理 | 项目质量部 |
| 5 | 施工总结 | 业主组织单位竣工验收前完成 | 无 | 项目总工统筹协调 |
| 6 | 工程竣工报告 | 业主组织单位竣工验收前完成 | 项目经理 | 项目经理组织 |

2. 工程竣工验收资料相关规定及要求

(1) 单位（子单位）工程质量竣工验收记录。单位（子单位）工程质量竣工验收记录是一个建筑工程项目的最后一份验收资料，应由施工单位填写。

1）单位工程完工，施工单位组织自检合格后，应报请监理单位进行工程预验收，通过后向建设单位提交工程竣工报告并填报单位（子单位）工程质量竣工验收记录。建设单位应组织设计单位、监理单位、施工单位等进行工程质量竣工验收并记录，验收记录上各单位必须签字并加盖公章。

2）进行单位（子单位）工程质量竣工验收时，施工单位应同时填报单位（子单位）工程质量控制资料检查记录、单位（子单位）工程安全和功能检查资料核查及主要功能抽查记录、单位（子单位）工程观感质量检查记录，作为单位（子单位）工程质量竣工验收记录的附表。

3）“分部工程”栏根据各分部（子分部）工程质量验收记录填写。应对所含各分部工程，由竣工验收组成员共同逐项核查。对表中内容如有异议，应对工程实体进行检查或测试。

核查并确认合格后，由监理单位在“验收记录”栏注明共验收了几个分部，符合标准及设计要求的有几个分部，并在右侧的“验收结论”栏内，填入具体的验收结论。

4）“质量控制资料核查”栏根据单位（子单位）工程质量控制资料核查记录

的核查结论填写。建设单位组织由各方代表组成的验收组成员，或委托总监理工程师，按照单位（子单位）工程质量控制资料核查记录的内容，对资料进行逐项核查。确认符合要求后，在单位（子单位）工程质量竣工验收记录右侧的“验收结论”栏内，填写具体验收结论。

5）“安全和主要使用功能核查及抽查结果”栏根据单位（子单位）工程安全和功能检验资料核查及主要功能抽查记录的核查结论填写。

对于分部工程验收时已经进行了安全和功能检测的项目，单位工程验收时不再重复检测。但要核查以下内容：

①单位工程验收时按规定、约定或设计要求，需要进行的安全功能抽测项目是否都进行了检测；具体检测项目有无遗漏。

②抽测的程序、方法是否符合规定。

③抽测结论是否达到设计及规范规定。

经核查认为符合要求的，在单位（子单位）工程质量竣工验收记录中的“验收结论”栏填入符合要求的结论。如果发现某些抽测项目不全，或抽测结果达不到设计要求，可进行返工处理，使之达到要求。

6）“观感质量验收”栏根据单位（子单位）工程观感质量检查记录的检查结论填写。

参加验收的各方代表，在建设单位主持下，对观感质量抽查，共同做出评价。如确认没有影响结构安全和使用功能的项目，符合或基本符合规范要求，应评价为“好”或“一般”。如果某项观感质量被评价为“差”，应进行修理。如果确难修理时，只要不影响结构安全和使用功能的，可采用协商解决的方法进行验收，并在验收表上注明。

7）“综合验收结论”栏应由参加验收各方共同商定，并由建设单位填写，主要对工程质量是否符合设计和规范要求及总体质量水平做出评价。

（2）单位（子单位）工程质量控制资料核查记录。

1）单位（子单位）工程质量控制资料是单位工程综合验收的一项重要内容，核查目的是强调建筑结构设备性能、使用功能方面主要技术性能的检验。其每一项资料包含的内容，就是单位工程包含的有关分项工程中检验批主控项目、一般项目要求内容的汇总。对一个单位工程全面进行质量控制资料核查，可以防止局部错漏，从而进一步加强工程质量的控制。

2）《建筑工程施工质量验收统一标准》（GB 50300—2013）中规定了按专业分共计48项内容。其中，建筑与结构11项；给排水与采暖7项；建筑电气7

项；通风与空调 8 项；电梯 7 项；建筑智能化 8 项。

3）本表由施工单位按照所列质量控制资料的种类、名称进行检查，并填写份数，然后提交给监理单位验收。

4）本表其他各栏内容均由监理单位进行核查和填写。监理单位应按分部（子分部）工程逐项核查，独立得出核查结论。监理单位核查合格后，在“核查意见”栏填写对资料核查后的具体意见如齐全、符合要求，具体核查人员在“核查人”栏签字。

5）总监理工程师或建设单位项目负责人确认符合要求后，在表下部“结论”栏内，填写对资料核查后的综合性结论。

6）施工单位项目经理应在表下部“结论”栏内签字确认。

（3）单位（子单位）工程安全和功能检查资料及主要功能抽查记录。

1）建筑工程投入使用，最为重要的是要确保安全和满足功能性要求。涉及安全和使用功能的分部工程应有检验资料，施工验收对能否满足安全和使用功能的项目进行强化验收，对主要项目进行抽查记录，填写单位（子单位）工程安全和功能检验资料核查及主要功能抽查记录。

2）抽查项目是在核查资料文件的基础上，由参加验收的各方人员确定，然后按有关专业工程施工质量验收标准进行检查。

3）安全和功能的各项主要检测项目，表中已经列明。如果设计或合同有其他要求，经监理认可后可以补充。

安全和功能的检测，如果条件具备，应在分部工程验收时进行。分部工程验收时凡已经做过的安全和功能检测项目，单位工程竣工验收时不再重复检测。只核查检测报告是否符合有关规定。如：核查检测项目是否有遗漏；抽测的程序、方法是否符合规定；检测结论是否达到设计及规范规定；如果某个项目抽测结果达不到设计要求，应允许进行返工处理，使之达到要求再填表。

4）本表由施工单位按所列内容检查并填写份数后，提交给监理单位。

5）本表其他栏目由总监理工程师或建设单位项目负责人组织核查、抽查并由监理单位填写。

6）监理单位经核查和抽查，如果认为符合要求，由总监理工程师在表中的“结论”栏填入综合性验收结论，并由施工单位项目经理签字确认。

（4）单位（子单位）工程观感质量检查记录。

1）工程观感质量检查，是在工程全部竣工后进行的一项重要验收工作，这是全面评价一个单位工程的外观及使用功能质量，促进施工过程的管理、成品保护，以提高社会效益和环境效益的途径。观感质量检查绝不是单纯的外观检查，而是实地对工程的一个全面检查。

2）《建筑工程施工质量验收统一标准》（GB 50300—2013）规定，单位工程的观感质量验收，分为“好”“一般”“差”三个等级。观感质量检查的方法、程序、评判标准等，均与分部工程相同，不同的是检查项目较多，属于综合性验收。主要内容包括：核实质量控制资料，检查检验批、分项、分部工程验收的正确性，对在分项工程中不能检查的项目进行检查，核查各分部工程验收后到单位工程竣工时之间，工程的观感质量有无变化、损坏等。

3）本表由总监理工程师组织参加验收的各方代表，按照表中所列内容，共同实际检查，协商得出质量评价、综合评价和验收结论意见。

4）参加验收的各方代表，经共同实际检查，如果确认没有影响结构安全和使用功能等问题，可共同商定评价意见。评价为“好”和“一般”的项目，由总监理工程师在“观感质量综合评价”栏填写“好”或“一般”，并在“检查结论”栏内填写“工程观感质量综合评价为好（或一般），验收合格”。

5）如有评价为“差”的项目，属于不合格项，应予以返工修理。这样的观感检查项目修理后需重新检查验收。

6）“抽查质量状况”栏，可填写具体检查数据。当数据少时，可直接将检查数据填在表格内；当数据多时，可简要描述抽查的质量状况，但应将检查原始记录附在本表后面。

（5）施工总结。

1）编制责任和时限要求。施工总结是在施工过程中和工程完工后，根据工程特点、性质，进行的阶段性、综合性或专题性总结材料。应由项目经理统筹协调项目有关部门和管理人员共同完成。

2）施工总结内容。

①工程概况：工程名称、建筑用途、基础结构类型、建筑面积、主要建筑材料、主要分部、分项工程、设计特点等。

②管理方面总结要点：对施工过程中所采用的质量管理措施、消除质量通病措施、降低成本措施、安全技术措施、环境管理措施、文明施工措施、合同管理措施、QC 质量管理活动等。

③技术方面总结要点：主要针对工程施工中采用的新技术、新产品、新工艺、新材料进行总结；施工组织设计（施工方案）编制的合理性以及实施情况等。

④经验与教训方面总结：施工过程中出现的质量、安全事故的分析；事故的处理情况；如何杜绝类似事件发生等。

3）施工总结应由项目经理和项目技术负责人签名。

（6）工程竣工报告。

1）工程概况。写明工程名称、工程地址、工程结构类型、建筑面积、占地面积、地下及地上层数、基础类型、建筑物檐高、主要工程量、开工和完工日期。建设、勘察、设计、监理、总包及分包施工单位名称。

2）施工主要依据。说明施工主要依据，标明合同名称及备案编号、设计图工程号及主要设计变更编号，施工执行的主要标准。

3）工程施工情况。

①人员组织情况：总包单位项目部项目经理、技术负责人、专业负责人、施工现场管理负责人等姓名、执业证书及编号。特殊工种人员持证上岗情况。

②项目专业分包情况：专业分包情况，分包单位名称、资质证书号码和技术负责人姓名、执业证书及编号。

③工程施工过程：施工工期定额规定的施工天数，实际施工天数，工程总用工工日。按照《建筑工程施工质量验收统一标准》（GB 50300—2013）中分部工程的划分，简介各分部主要施工方法，重点描述地基基础、主体结构施工过程，包括建筑地基种类（天然或人工）、深度（槽底标高）、承载力数值、允许变形要求。地基处理情况，地基土质和地下水对基础有无侵蚀性。混凝土的制作及浇筑方法，砌体结构的砌筑方法，模板制作方法，钢筋接头方法等。说明主要建筑材料使用情况，用于主体结构建筑材料、门窗、防水、保温材料、混凝土外加剂、特种设备等产品是否符合相关规定，生产厂家是否具有生产许可证品牌和生产厂家名称。建筑材料、构配件设备是否按规定进行了报验，是否按规定进行了复试、有见证取样与送检，有见证取样与送样见证人姓名和见证试验机构名称，是否有合格证明文件，是否符合国家及北京市地方标准。

④工程施工技术措施及质量验收情况：简介各工序采用了哪些技术、质量控制措施及新技术、新工艺和特殊工序。评定工程质量采用的标准，执行《工程建设标准强制性条文》和国家工程施工质量验收规范及安全与功能性检测、原材料试验、施工试验、主要建筑设备、系统调试的情况，说明地基基础与主体结构及分部验收质量达标、企业竣工自检、施工资料管理等情况。

⑤工程完成情况：是否依法完成了合同约定的各项内容，有无甩项，有无质量遗留问题，需要说明的其他事项。

4）工程质量总体评价。工程是否达到设计要求，是否符合《工程建设标准强制性条文》和国家工程施工质量验收规范，是否达到了施工合同的质量目标，是否具备竣工验收条件。单位工程竣工报告同时应有总监理工程师签字。

# 参 考 文 献


［1］中华人民共和国住房和城乡建设部．建筑与市政工程施工现场专业人员职业标准（JGJ/T 250—2011）［S］．北京：中国建筑工业出版社，2011.

［2］北京土木建筑学会. 质量员必读［M］. 北京：中国电力出版社，2013.

［3］本书编委会．建筑施工手册［M］．5 版．北京：中国建筑工业出版社，2012.

［4］江苏省建设教育协会．质量员专业管理实务（土建施工）［M］．北京：中国建筑工业出版社，2014.

［5］中华人民共和国住房和城乡建设部．混凝土结构工程施工规范（GB 50666—2011）［S］．北京：中国建筑工业出版社，2011.

［6］本书编委会．新版建筑工程施工质量验收规范汇编［M］．3 版．北京：中国建筑工业出版社，2014.